JN288256

入門オペレーションズ・リサーチ

松井泰子・根本俊男・宇野毅明 著

東海大学出版部

An Introduction to Operations Research

Yasuko MATSUI, Toshio NEMOTO and Takeaki UNO
Tokai University Press, 2008
ISBN978-4-486-01744-8

はしがき

　2007 年に，日本オペレーションズ・リサーチ学会は創立 50 周年を迎えました．戦時中に確立されたオペレーションズ・リサーチ（以下，OR とします）ですが，半世紀経過したものの，世の中（日本？）での認知度は低いと思われます．高校生で OR という言葉を知っている人はどの位いるでしょうか．著者らは大学の講義で OR を紹介すると，学生達が，「数学が社会の役に立つ！」と目を輝かせるのを知っています．そして卒業生が，「会社の人が OR を知らない」と嘆くのを聞きました．そこで，携帯電話のしくみを知らなくても携帯電話が使われるように，大勢の方に OR をブラックボックスで使って頂いて OR の "ワクワク・ドキドキ" を共有したいという思いから執筆に至りました．

　著者らは，以上の経緯で，本書を「OR を独学で学ばれる方の入門書」という位置づけで書いています．そして読者の用途を「社会人が会社で抱えている問題を解く切り口を探す」，「大学生の講義の予習」，「資格試験の受験準備」などと想定し，OR に出来るだけ親しんで頂くために，身近な話題を例題に取り上げてイラストを多数盛り込み，さらに数式を極力減らすことでページを楽しくめくれるよう工夫を施したつもりです．イラストは，縁あって，東海大学教養部美術課程の学生及び卒業生の，稲見高樹さん，山代勇人さん，前田舞さんにお願いしました．お三方は著者らの細かい注文にも快く応じて下さり，多忙な本業の合間に素敵なイラストを多数描き上げて下さいました．お蔭で紙面が魅力的に飾られ深く感謝しております．才能あるセミプロの鮮やかで発想豊かなイラストには著者らも大変楽しませて頂きました．著者 3 名，イラストレーター 3 名の計 6 名の織り成す『OR ワールド』は，秘宝が埋蔵された魅惑の世界です．OR の世界は眺めるだけでも十分楽しめるかと思います．

　最後に，本書の出版を快くご承諾下さった上に，原稿の改訂を辛抱強く待って下さった東海大学出版の小野朋昭さん，原稿に有益なコメントを下さった松井研卒業生の楯育実くん，砂川清志くんに厚く感謝いたします．

　2008 年 3 月　　　　　　　　　　　　　　　　　　　　　　　著者一同

目次

- 第1章 オペレーションズ・リサーチとは——ギュ！ パッ！ ホ〜ッ！— 1
  - 1.1 問題への科学的なアプローチ ……………………………………………… 1
    - 1.1.1 オペレーションズ・リサーチでのギュッ！ …………………… 2
    - 1.1.2 オペレーションズ・リサーチのパッ！ ………………………… 2
    - 1.1.3 オペレーションズ・リサーチの芸術性と機能性 ……………… 2
  - 1.2 問題解決への総合的なアプローチ ………………………………………… 3
  - 1.3 オペレーションズ・リサーチを具体的にたのしみましょう ………… 4
  - さらに学ぶために ……………………………………………………………… 4
  - ころころコラム オペレーションズ・リサーチの和名 ………………………… 6
- 第2章 効率の良い保管方法を求める——在庫管理—— 7
  - 2.1 毎日買物 vs 買いだめ 安いのはどっち？ ……………………………… 7
  - ころころコラム 物を持つにはお金がかかる ………………………………… 17
  - 2.2 倉庫の番を経済的にする方法 …………………………………………… 18
  - ころころコラム より簡単な在庫管理法 ……………………………………… 23
  - ころころコラム リードタイムは短いほうがお得 …………………………… 25
  - 2.3 まとめ ……………………………………………………………………… 26
  - さらに学ぶために ……………………………………………………………… 26
  - 演習問題 ……………………………………………………………………… 26
- 第3章 将来を考えて在庫を管理する——データと予測—— 27
  - 3.1 変動する需要量の捉え方 ………………………………………………… 28
  - 3.2 データからの在庫管理 …………………………………………………… 37
  - 3.3 儲かる商品はきめ細かく管理しよう：ABC分析 ……………………… 40
  - 3.4 まとめ ……………………………………………………………………… 43
  - さらに学ぶために ……………………………………………………………… 43
  - 演習問題 ……………………………………………………………………… 44

第4章　仕事をスマートに実行する──日程計画──45

- 4.1　プロジェクトとスケジューリング　45
- 4.2　プロジェクトを絵で描く　49
- 4.3　スケジューリングに役立つ数値を導く　53
    - 4.3.1　特性値を導く準備　54
    - 4.3.2　作業日程の特性値　56
    - 4.3.3　クリティカルパス　57
- ころころコラム　PERTの歴史　58
- 4.4　スケジュールを作ってみよう　59
- 4.5　スケジュールの進捗管理　60
- 4.6　まとめ　61
- さらに学ぶために　62
- 演習問題　62

第5章　問題を真似て解決する──シミュレーション──63

- 5.1　でたらめの再現　65
- 5.2　乱数の利用　67
- ころころコラム　本物に近い乱数　69
- 5.3　コンピュータを利用したシミュレーション　70
- 5.4　まとめ　72
- さらに学ぶために　73
- 演習問題　73

第6章　「待つ」と「行列」を解決する──待ち行列理論──75

- 6.1　電話がかからない状況の観察　75
- 6.2　着信拒否を一定割合以下に抑える方策　78
- ころころコラム　最も長い行列 queueing　82
- 6.3　ATMやスーパーでの行列の長さ　83
    - 6.3.1　窓口の「空き」具合　84
    - 6.3.2　行列の長さの期待値　86
- ころころコラム　「待つ」の工夫　87
- 6.4　まとめ　88
- さらに学ぶために　88

	演習問題	88

第7章　決め方を決める —— AHP　　91
 7.1 多数の候補から絞り込む　　92
 7.2 2つのものの比較　　93
 7.3 項目ごとの重要度の計算：幾何平均　　94
 7.4 項目ごとの重要度の計算：調和平均　　96
 7.5 重要度を総合する　　98
 7.6 まとめ　　99
 さらに学ぶために　　99
 演習問題　　100
 ころころコラム　AHP　　101

第8章　ライバルとの駆け引きに勝つ —— ゲーム理論　　103
 8.1 アイス屋さんの熱い戦い　　103
 8.2 囚人のジレンマ　　105
 8.3 お互いに納得する行動　　106
 8.4 2軒のお弁当屋さんの駆け引き　　108
 8.5 損を抑えた行動選択　　111
 8.6 まとめ　　112
 さらに学ぶために　　113
 演習問題　　113
 ころころコラム　ゲーム理論　　114

第9章　投票者の選挙への影響力をはかる —— 投票力指数　　115
 9.1 票数の及ぼすパワー　　116
 9.2 投票の順番に注目したパワー計算　　117
 9.3 投票者のグループに注目したパワー計算　　120
 9.4 まとめ　　122
 さらに学ぶために　　123
 演習問題　　123
 ころころコラム　投票力指数　　123

第10章　駆け落ちをしないペアを作る —— 安定結婚問題　　125
 10.1 男女のペアを組む　　125

10.2	ゲールとシャープレイが提案したアルゴリズム	128
10.3	G-Sアルゴリズムの正しさ	129
10.4	男性からプロポーズする	130
10.5	女性からプロポーズする	132
10.6	まとめ	134
さらに学ぶために		134
演習問題		134
ころころコラム　安定結婚問題		135

第11章　数式で表し問題解決——数理計画　　　　137

11.1	数理計画いろいろ	143
11.2	まとめと参考文献	147
ころころコラム　なんで「計画」なの？		149

第12章　仕事の効率を高める——線形計画　　　　151

12.1	アイス増産計画	151
12.2	線形計画の問題を解く方法	154
12.3	バランス投資の問題とごみ運搬の問題	156
12.4	いろいろな問題を線形計画にして解こう	159
12.5	輸送問題でコスト削限	163
12.6	まとめ	165
演習問題		165
ころころコラム　線形計画法ソフト		167

第13章　うまいこと組合せる——組合せ最適化　　　　169

13.1	儲かる福袋を作ろう	169
13.2	数理計画ソフトで解く組合せ最適化	170
13.3	組合せ最適化を解く方法いろいろ	173
13.4	場合分けを繰り返す：分枝限定法	175
13.5	ちょこちょこと試行錯誤：局所探索法	179
13.6	条件を満たす組合せを全部見つける：列挙問題	181
13.7	いろいろな組合せ最適化問題を線形計画に直そう	182
	13.7.1　順序の最適化問題	183
	13.7.2　割当て問題	184

	13.7.3　施設配置問題 ……………………………………………………	186
	13.7.4　分割問題 …………………………………………………………	189
	13.7.5　配送計画 …………………………………………………………	189
13.8	まとめと参考文献 ………………………………………………………	190
演習問題 …………………………………………………………………………		191

第14章　最適な通り道を見つける——ネットワーク計画　　193

14.1	最短路問題を解いてみよう ……………………………………………	194
14.2	電話連絡網の費用を小さくしよう：最小木問題 ………………………	200
14.3	その他のネットワーク計画問題 …………………………………………	203
	14.3.1　最小費用流問題 ……………………………………………………	203
	14.3.2　連結度増大問題・ネットワークデザイン問題 …………………	204
まとめと参考文献 ………………………………………………………………		205
演習問題 …………………………………………………………………………		206

第15章　小さい順に解くのがミソ——動的計画　　209

15.1	遠足のおやつ問題を解こう ………………………………………………	209
15.2	動的計画の手間はどれくらい？ …………………………………………	213
ころころコラム　動的計画で組合せの数を計算しよう ………………………		215
15.3	ナップサック問題を解こう ………………………………………………	216
15.4	まとめと参考文献 ………………………………………………………	220
演習問題 …………………………………………………………………………		220

演習問題の解答 ──────────────────────────── 223

事項索引 ─────────────────────────────── 238

第1章 オペレーションズ・リサーチとは
ギュ！　パッ！　ホ〜ッ！

　オペレーションズ・リサーチとのキーワードを用いて本をまとめているので，まずはこの馴染みのない単語である「オペレーションズ・リサーチ」とはどのようなものかについてお話しする必要があるでしょう．

> オペレーションズ・リサーチとは，様々な問題に対して科学的なアプローチにより解決策提示を支援する技術群です．

　辞書の一節のように書いてみましたが，この説明で「なるほど！」と納得してもらえると大変助かります．しかし，新しい概念に出合った時に，辞書風な説明では多くの場合「？？？？……」となることが多いようです．ここでは，クエスチョンマークの数が少しでも減るように，まずはオペレーションズ・リサーチのイメージをお話ししましょう．

1.1　問題への科学的なアプローチ

　世の中には様々な場面で様々な問題が山積しています．その中にはなんとか解決したい問題もたくさんあるでしょう．多くの人がその問題の解決に様々なアイディアを出してきました．

　さて，その解決方法のひとつに，問題に関わる人・モノ・組織・お金などとそれらの因果関係をはっきりさせることで問題を把握し，把握した問題に対しての解決策の模索に力を注ぐという2段階のアプローチがあります．おおざっぱですが，科学的なアプローチとよばれる方法です．科学的なアプローチのイメージは，問題を把握する「ギュッ！」と，問題を解く「パッ！」です．オペレーションズ・リサーチは，この科学的なアプローチを基盤として，様々な問題を解決していく方法の玉手箱です．

1.1.1 オペレーションズ・リサーチでのギュッ！

問題に出会った時，それを漠然と観察することはできても，全体を捉えて把握することは難しいようです．たとえば，新聞には政治問題がよく掲載されます．その政治問題は観察可能です．しかし，因果関係を明確に把握することは難しいようです．問題の把握が難しく，科学的なアプローチが向かない種類の問題といえます．

その一方で，300円を手にしてアイス屋さんの店内で悩んでいる女の子の問題は把握可能です．店内にある何種類かのアイスの中から気持ちが一番満たされるアイスを300円の予算内で決めたい問題と表現できるでしょう．なお，アイス屋さんも女の子もこの問題には不要な情報です．いらない情報は捨て，必要な部分を抽出する．まさにギュッ！　と絞り，問題が把握できます．この問題把握手法を**モデル化**とよびます．

ところで，ギュッと把握しても，それを表現できないとほかの人には伝わりません．モデル化された問題は，元の問題より凝縮されています．凝縮されたモノを表現するときは，言葉を重ねるより少し抽象的な道具，例えば，絵・記号・数式などに親和性があるようです．そこで，オペレーションズ・リサーチでは，問題を関係図で描いたり，記号・数式で表現したりすることが多いようです．とくにこれらを利用したモデル化を**数理モデル化**とよびます．

1.1.2 オペレーションズ・リサーチのパッ！

ギュッと把握した問題を解きましょう．残念ながら，ギュッと把握できることと問題が解けることとは無関係です．多様な解き方があるでしょうし，解けない場合も多いでしょう．どんな問題でもパッ！　と解けると，かっこいいと思うのですが，そんなに都合よくはないようです．風邪に万能薬がないのと同じように，問題を解く万能薬もありません．しかし，熱を下げるには解熱剤があるように，対処的な薬はあります．つまり，ある性質を有する問題なら，定番の解き方があるのです．そのタイプ別の対処法の知恵をまとめ，提供しているのがオペレーションズ・リサーチの持つ「パッ！」の機能です．

1.1.3 オペレーションズ・リサーチの芸術性と機能性

現実の問題をモデル化し，それを人類が過去に解決済みモデルのリストと照

らし合わせて，もしリストに載っていれば過去の知恵を活かしてパッと解くというのがオペレーションズ・リサーチの得意とする仕組みの一つです．この仕組みの利点は，どのような問題でも既にリストにあるタイプなら，既知の知恵を流用できるという点です．具体的な問題ではなく，モデル化という手法で本質的な部分のみを抽出し，抽象化した形式でリストと照らし合わせることで，より近いものを見つけやすくしているという部分がポイントです．問題解決を効果的に行う機能的な部分です．

しかし，不便な点もあります．ある問題をどのように把握するかは，その問題に向き合った人に依存します．その結果，同じ問題を対象にしたとしても，モデル化の表現はさまざまです．ある表現では，簡単に解けたが，別の表現ではリストになく，新たに解き方を考えなくてはならないという事象を避けられません．同じ問題に対してその問題をどのように表現するかが，その先の運命を決めてしまうという面倒な欠点があるのです．問題の表現の仕方で起きるそのような面倒をなくすには，スマートな問題の表現方法があればいいでしょう．しかし，今のところその方法は分かっていません．この状況は同じ対象物でも人により異なった絵を描く現象に似ています．そもそも同じ絵を描けと言うほうが無理なのかもしれません．このような背景から，モデル化は芸術だともいえます．芸術的な側面と機能的な側面を併せ持ち，なかなか魅力的な学問がオペレーションズ・リサーチです．

1.2　問題解決への総合的なアプローチ

オペレーションズ・リサーチは，問題をギュッと把握し，それにパッと答えるスムーズな流れを作る学問です．モデル化に適した問題にはすっきり答えてくれ便利そうです．しかし，ここに大きな落とし穴があります．この流れのなかで，解かれるのは元の現実の問題ではなく，モデル化した問題です．つまり，元の問題を解いているわけではなく，そこにはギャップがあります．

そこで，オペレーションズ・リサーチでは，モデル化した問題を解いて得られた答えを，元の問題の答えとはすぐにはしません．まずはその答えを一つの案として適用し，様子を観察します．もし，不具合があるようなら，ギュッと問題を絞った時に何か重要なモノを欠落させていた可能性があります．再度の

モデル化のやり直しが必要でしょう．

　モデル化（ギュ！）と解の導出（パッ！）を繰り返し，元の問題とのギャップが埋められた時にやっと問題の解決策の提示となります．きっとそのときは，ホ～ッ！　と感嘆を得られるでしょう．この問題解決の総合的なアプローチがオペレーションズ・リサーチの全体像ということになります．ギュ！　とパッ！，また，ギュ！　とパッ！　を繰り返し，最後にホ～ッ！　と言ってもらえる問題解決をする．オペレーションズ・リサーチのイメージです．

1.3　オペレーションズ・リサーチを具体的にたのしみましょう

　ここではオペレーションズ・リサーチのイメージを紹介しましたが，漠然としたイメージで楽しめません．そこでこの後では，具体的にこれもオペレーションズ・リサーチの例，あれもオペレーションズ・リサーチの例と簡単な具体例を続々と示すことで，まずはオペレーションズ・リサーチをさらに感じてもらいたいと考えています．なんとなく自分なりにイメージを掴んだ後でオペレーションズ・リサーチとは何なのかをあらためて考えると，この章の冒頭にあった辞書的な表現でも，擬音で表現したギュ！　パッ！　ホ～ッ！　でもスーッと理解できるようになるでしょう．それが，オペレーションズ・リサーチの面白さにつながる第一歩です．

さらに学ぶために

　オペレーションズ・リサーチ全般を扱う和書は数多く存在します．書籍検索システム等で「オペレーションズ・リサーチ」または「経営科学」のキーワードで検索してみてください．以下では，その中で特徴のある数冊をご紹介しておきます．

　本書でオペレーションズ・リサーチを感じた後は，自分の学習スタイルに合う様々な文献を利用し，オペレーションズ・リサーチをさらに楽しみ，身につけてください．

- オペレーションズ・リサーチ全般をさらに学びたい人向け
  森雅夫・松井知己『オペレーションズ・リサーチ』朝倉書店（2004）
  高井英造・真鍋龍太郎編『問題解決のためのオペレーションズ・リサーチ入門』日本評論社（2000）
  貝原俊也編『オペレーションズ・リサーチ』オーム社（2004）
- オペレーションズ・リサーチの学問領域での位置づけを俯瞰したい人向け
  神沼靖子・丹羽時彦『問題形成と問題解決』共立出版（2005）
  古殿幸雄『経営科学・経営工学』中央経済社（2000）
  西村克己『よくわかる経営工学』日本実業（2001）

ころころコラム

オペレーションズ・リサーチの和名

　オペレーションズ・リサーチは欧米で発生し日本に輸入された学問です．米語では，Operations Research（英語では Operational Research）と表記します．Operation とは，作戦・運転・運営・経営・作業・操作といった意味を有しますので，そのまま訳すると例えば「作戦の研究」となります．ただ，現状をみると「オペレーションズ・リサーチ」と単にカタカナ表記をする呼称が最も多く，確立した和名はないようです．しかしその一方で，欧米から輸入された学問でも，例えば Economics を経済と，Accounting を会計と，今となっては基本的な日本語に仲間入りしている和名があります．さらに，それらは学問としての認知度も高いです．手前味噌ながら，オペレーションズ・リサーチには「読み・書き・そろばん」の次に来てもよいと思うほど，小学校から大学まで様々な教育レベルに対して有効な学問要素が豊富に含まれており，経済や会計に引けを取る学問分野とは思えません．しかし，現実には知名度・認知度など低い気がします．その原因のひとつにはこの呼称にもあるのかもしれません．挙句の果て，オペレーションズ・リサーチの英語綴りの頭文字をとり OR（オーアール）と省略呼称も使用されることも多く，専門家のみが扱うマニアックな分野といった雰囲気さえ漂わせています．戦後の昭和時代には，オペレーションズ・リサーチが産業界で大ブームになったと耳にします．そのブーム時に適切な和名を確立しておけば，より基本的な学問として認知が進んでいたのではないかと思ってしまいます．

　よりよく物事を進めることを総合的に考える学問であるオペレーションズ・リサーチが，より効果的な名付けに失敗したとは皮肉な話ですね．

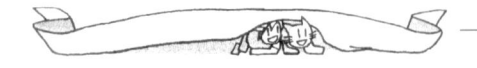

第2章 効率の良い保管方法を求める
在庫管理

　なにか物を買うときに費用がかかるのは当然ですよね．でも，購入後にその物を持ち続けることにも費用が生じていると感じている人は少ないと思います．家の押入れにしまっておく程度のことなら，その費用は少なく生活の中に自然に溶け込み意識することはないのかもしれません．しかし，例えば自動車工場での何千台もの完成車，港に並んだ何千個ものコンテナ，そしてデパート・スーパー，コンビニエンスストアでの何万種類の商品群のように，多くの物を保有する企業や組織においては無視のできない費用として現れてきます．そこでこの章では，物を保有すると無視のできない費用が生じる場面で，この費用をなるべく少なくするにはどうしたらよいかという問題への基本的な取り組み方を紹介していきましょう．

2.1　毎日買物 vs 買いだめ　安いのはどっち？

　イタリアを旅しているとアイス屋さんをよく見かけます．おかげでいつでもおいしいジェラートを口にでき，アイス好きにはたまらない環境です．日本でもおいしいアイス屋さんが増えてきました．ただ，まだ店の数は少ないので，何個かまとめて買い，家の冷凍庫に保管し，少しずつ味わっていくのが現状でしょう．

　ところで，毎日1本のアイスを食べる人は一度に何個のアイスを購入するのがお得だと思いますか？　アイス1本の値段はいつでも同じとします．値段が同じなら，どう買っても損得は無いと思うかもしれません．でもその結論は早急です．なぜなら，アイスの代金以外にも，アイスを保有するには費用がかか

るからです．アイスを買いに行った交通費や，保存に必要な冷凍庫の購入費用，電気代．アイス購入に伴い様々な費用が付随して発生しているはずです．この付随費用にも目を向けると一度に何個買うかにより損得が表面化してきます．

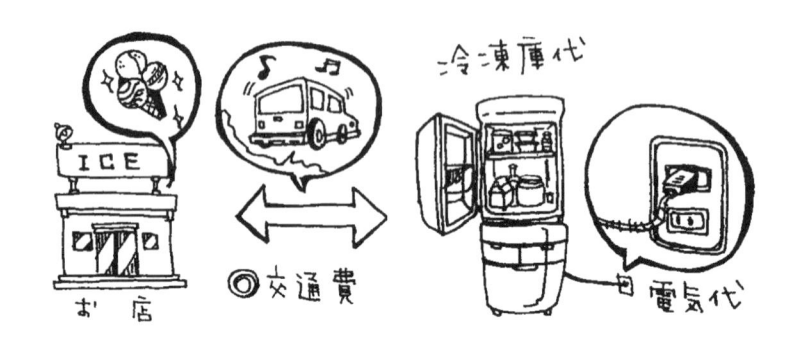

　もう少し詳しく，1年に期間を限って，アイスの代金以外の費用を次の2つの場合で眺めてみましょう．
① アイス1年分一括購入した場合：　　② 毎日アイスを買いに行く場合：

巨大な冷凍庫が必要でその電気代も大きな額になるでしょう．ただし，アイスを買いに行く手間は1回で済みます．

巨大な冷蔵庫は不要ですし，電気代も少なくてすむでしょう．しかし，買いに出かける手間が多くかかってしまいます．

アイスの購入には，買い物と保存の両方の手間がかかりますが，それらは1回に何本買うかで変化することがわかります．

では，この物を保有すると付随して発生する費用を安くするにはどうしたらよいでしょうか．普段の生活の中ではこの費用を感じることは少なく，生活から離れた次のアイス工場での例で理解を深めてください．なお，この章では計算の単純化のために，1ヶ月は30日，1年は360日とします．

> ■例題 2.1
> アイスの材料になる液体を巨大な専用タンクで保管しています．この液体の購入・保管・使用状況は次のとおりです．
> 　(ア)　液体は発注後すぐに全量が納入される．
> 　(イ)　液体の購入毎に100万円の運搬手数料が請求される．
> 　(ウ)　専用タンクで液体を1年間保有すると1トンあたり4万円の保管費用がかかる．この保管費用は時間と量に比例する．
> 　(エ)　液体は毎日5トンずつ，年間で1800トン消費する．
> 　(オ)　液体の在庫切れは許されない．
> さて．今は1月1日の作業開始前で専用タンクは空です．この液体にかかる年間総費用を最も少なくするには，何日ごとに何トン発注するべきでしょうか？

さて，1年間に1800トンの液体を購入する費用は一定ですが，
　(イ)で液体の搬入に手数料が搬入回数に応じて請求され，また，
　(ウ)で液体の保管にも費用が保管量に応じて発生します．
購入費用以外に発生する(イ)と(ウ)に関する費用を少なくするのがこの問題のポイントになります．

さて，倉庫等で保有する物を**在庫**とよぶことから，購入代金以外に物の保有により発生する費用を**在庫関連費**とよびます．

(費用)＝(購入代金)＋(購入代金以外の費用)
　　　　　　　　　　　　在庫関連費

この在庫関連費は，

　(イ)の発注量（保管量）に関係なく**発注回数**で決まる費用と，

　(ウ)の発注（保管）する量と時間に比例し決まる費用

の2種類に分けられます．前者を**発注費**と，後者を**保管費**とよぶことにしましょう．つまり，

　　(在庫関連費) ＝ (発注費) ＋ (保管費)

です．この在庫関連費が発注方法によりどのように変化するかを以下の3つのパターンで試行し比べてみましょう．在庫関連費の変動が観察できます．

　ケース①　年間必要量 1800（トン）を一括で購入

　ケース②　1日の必要量 5（トン）を毎日購入

　ケース③　月間必要量 150（トン）を毎月（30日ごとに）購入

ケース①　年間必要量 1800 トンを一括で購入した場合

年間必要量 1800 トンを一括購入した場合の在庫関連費を発注費と保管費の各々を計算することで算出しましょう．

まず，発注費は，発注回数1回で，搬入1回の手数料 100 万円となります．次に，保管費を考えてみます．納入された 1800 トンの液体は毎日5トンずつ減り，360 日後に残量0になります．その変化を示したのが図 2.1 です．

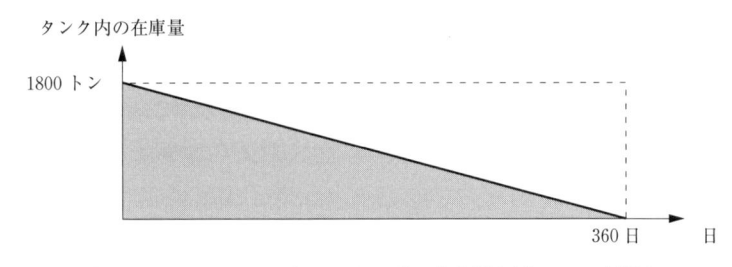

図 2.1　1800 トンから毎日5トンずつ在庫量が減っていく様子

図 2.1 をみると，1 年間の液体の在庫量の変化の様子（灰色部分）は，1800 トンの液体を 1 年間持ち続けた（図 2.1 の点線部分）場合のちょうど半分であることがわかります．つまり，(ウ)より，

(1800 トンを 1 年間保持する保管費) = 1800(トン) × 4 (万円)
　　　　　　　　　　　　　　　　　= 7200(万円)

となり，一括購入し日々消費を続けた場合の保管費はその半分で，

(1800 トン一括購入の場合の保管費) = (1800 トン 1 年間の保管費) × $\frac{1}{2}$
　　　　　　　　　　　　　　　　　= 7200(万円) × $\frac{1}{2}$ = 3600(万円)

となります．よって，以下のとおり，年間在庫関連費は 3700 万円となります．

(年間在庫関連費) = (年間発注費：100 万円) + (年間保管費：3600 万円)
　　　　　　　　 = 3700(万円)

ケース②　1 日の必要量 5 トンを毎日購入した場合

1 日の使用量 5 トンを毎日発注する場合の在庫量の変動を図 2.2 で示しました．

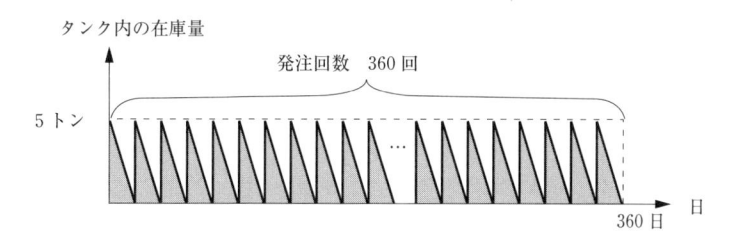

図 2.2　毎日 5 トン納入を繰り返したときの在庫量の変化の様子

年間発注回数が 360 回であることから，年間発注費が算出できます．

(年間発注費) = 360(回) × 100(万円) = 3 億 6000 万円

また，5 トンが納入されその日のうちに在庫が 0 になることを繰り返すので，保管費は 5 トンを 1 年間保管し続けた場合の半分となります．

(年間保管費) = 5 トン × 4 万円 × $\frac{1}{2}$ = 10 万円

よって，年間在庫関連費は3億6010万円です．
　　　(年間在庫関連費) = (発注費：3億6000万円) + (保管費：10万円)
　　　　　　　　　　　= 3億6010万円

ケース③　月間必要量150トンを毎月購入した場合

毎月1回，その月に必要な150トン（= 5トン × 30日）を発注する場合の在庫量の変化は図2.3のとおりです．

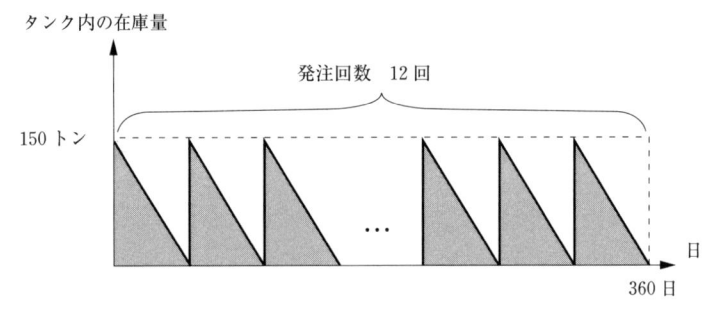

図2.3　毎月150トン納入を繰り返したときの在庫量の変化の様子

まず，年間発注回数が12回なので，
　　　(年間発注費) = 12(回) × 100(万円) = 1200(万円)
となります．一方，保管費は，150トンを1年間持ち続けた場合の保管費の半分，つまり，

$$（年間保管費）= 150\text{トン} \times 4\text{万円} \times \frac{1}{2} = 300\text{万円}$$

となります．よって，年間在庫関連費は以下のとおり1500万円となります．
　　　(年間在庫関連費) = (年間発注費：1200万円) + (年間保管費：300万円)
　　　　　　　　　　　= 1500 (万円)

以上の3つの試行結果をまとめてみましょう．

　　　ケース①　年間必要量1800トンを一括購入の時　　　3700万円
　　　ケース②　1日の必要量を毎日購入の時　　　　　　3億6010万円
　　　ケース③　月間必要量150トンを毎月購入の時　　　1500万円

発注の仕方による在庫関連費の変化を観察できました．この中では③が最も安

く済みます．しかし，発注方法は他にも存在します．では，一番安くするにはどうしますか？ 例題2.1で尋ねているのはこの部分です．次ではその問いに答えてみましょう．

在庫関連費が最も安くなる発注量を求めてみる

例題2.1に「何日毎に何トン発注する」といった形で答えてみましょう．年間必要量は1800トンと決まっているので，年間発注回数は1回あたりの発注量から定まります．つまり，

$$（1回あたりの発注量）= x（トン）$$

とおくと，

$$（年間の発注回数）= \frac{（年間消費量）}{（1回あたりの発注量）} = \frac{1800}{x}（回）$$

と定まります．この発注回数から年間発注費が計算できます．

$$（年間発注費）=（年間発注回数）\times（1回あたりの発注費）$$
$$= \frac{1800}{x}（回）\times 100（万円/回）$$
$$= \frac{180000}{x}（万円）$$

この式では分母に一回あたりの発注量 x があるので，一回あたりの発注量と年間発注費は以下のグラフのような反比例の関係になっていることがわかります．

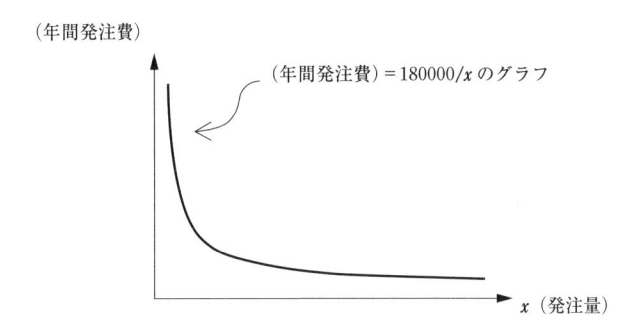

（年間発注費）=180000/x のグラフ

第2章 効率の良い保管方法を求める

一方,年間保管費は,一回の発注量を1年間保有した場合の費用の半分で算出できることを思い出すと,

(年間保管費)=(一回の発注量)×(1トンあたりの年間保管費)×$\frac{1}{2}$

$= x(\text{トン}) \times 4(\text{万円}) \times \frac{1}{2} = 2x(\text{万円})$

と表せます.これは傾きが2の比例の式です.この年間保管費と1回あたりの発注量の関係は以下のグラフようになるでしょう.

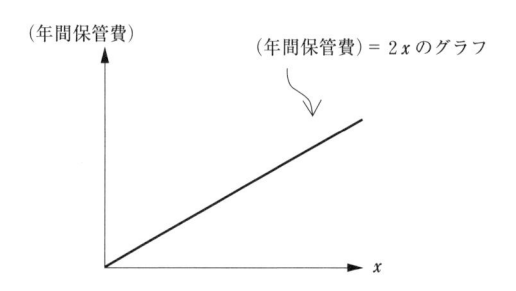

(年間保管費)

(年間保管費)= $2x$ のグラフ

以上の2つの結果の和が年間在庫関連費になるので,

(年間在庫関連費)=(年間発注費)+(年間保管費)

$= \frac{180000}{x} + 2x (\text{万円})$

となります.発注量 x の変化に応じて,年間在庫関連費が変化する様子はそれぞれのグラフを足し合わせることで以下のように描くことができるでしょう.

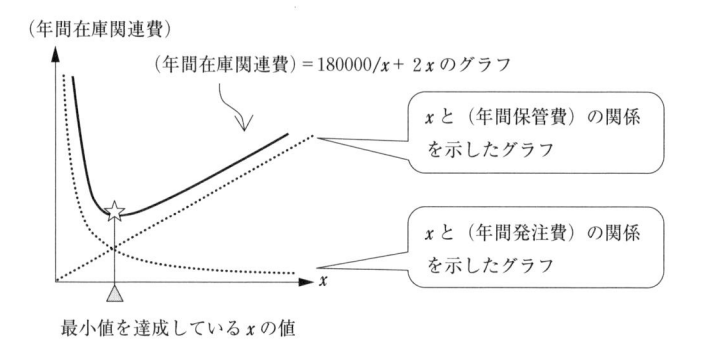

(年間在庫関連費)

(年間在庫関連費)=$180000/x + 2x$ のグラフ

x と(年間保管費)の関係を示したグラフ

x と(年間発注費)の関係を示したグラフ

最小値を達成している x の値

グラフを見ると，年間在庫関連費が最も安くなるのは☆印のところです．☆印の x の値（▲印）が最も経済的な発注量ということになります．

　あるグラフの最小値をとる x 座標（▲の位置）を求めるには「微分」という数学の道具を利用することが多いようです．ただここでは，その微分とよばれる道具を知らなくとも導出可能です．なぜなら，図を見ると比例のグラフ $y = 2x$ と反比例のグラフ $y = 180000/x$ の交点の x 座標と☆印の x 座標が一致しているからです．つまり，2つの式の連立方程式の解が☆印の x 座標です．解いてみましょう．

$$2x = \frac{180000}{x} \implies x^2 = 90000 \implies x = \pm 300$$

x は発注量なので正の値を採り，☆印の x 座標は 300 です．つまり，在庫関連費を最小にする1回あたりの発注量は 300（トン）です．在庫関連費の最小費用は，式に $x = 300$ を代入することで 1200 万円と計算できます．1日の消費量が5トンなので 300 トンは 60 日分となり，次の答が適切でしょう．

【例題 2.1 の解答例】　60 日ごとに 300 トンずつ発注する．

　「…300 トンずつ発注する」の 300 トンは総費用を最小化する最も経済的な発注量なので，**経済的発注量**（Economic Order Quantity）とよびます．また，英語名の頭文字をつなげて略して **EOQ** とよぶこともあります．経済的発注量を把握し大量の物を管理することは費用の面から大変重要になります．

経済的発注量の求め方

　ここでは，具体的な数字に寄らず，経済的発注量の一般的な導出方法に触れておきましょう．まず例題 2.1 を基に経済的発注量を導出するのに利用したデータを整理してみましょう．

[経済的発注量を導出するのに利用したデータ]
- 年間必要量 M（トン）
- 発注費：1回の発注にかかる費用 a（円／回）　※発注量に無関係
- 保管費：1トンの物の年間保管費用 b（円／トン）

ここでは，物の単位に「トン」を仮に用いますが，扱う物によって単位は「リットル」や「個」などに換えてください．さて，用意したデータから経済的発注量を求めてみましょう．

[経済的発注量の導出]

1回あたりの発注量を x（トン）とおきます．このとき，年間の発注回数は M/x（回）となるので，

$$（年間発注費）= a（円/回）\times \frac{M}{x}（回）= \frac{aM}{x}（円）$$

となります．一方，保管費については，

$$（年間保管費）= b（円/トン）\times x（トン）\times \frac{1}{2} = \frac{bx}{2}（円）$$

と計算できます．よって，年間の在庫関連費用は，

$$（年間在庫関連費）=（年間発注費）+（年間保管費）= \frac{aM}{x} + \frac{bx}{2}（円）$$

となります．この式は次のようなグラフで表せます．

(年間在庫関連費)

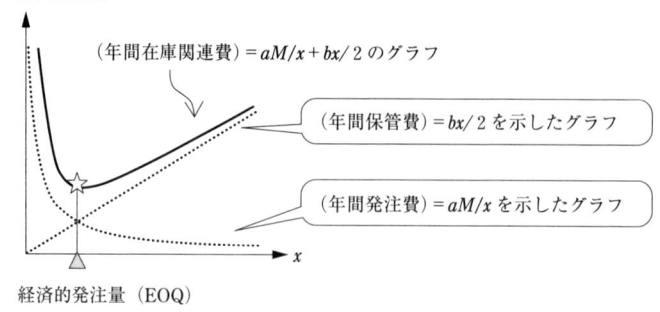

（年間在庫関連費）= $aM/x + bx/2$ のグラフ

（年間保管費）= $bx/2$ を示したグラフ

（年間発注費）= aM/x を示したグラフ

経済的発注量（EOQ）

年間在庫関連費の最小値は「（年間発注費）=（年間保管費）」が成立する時に達成されています．つまり，方程式 $aM/x = bx/2$ の解が経済的発注量となります．

$$\frac{aM}{x} = \frac{bx}{2} \implies x^2 = \frac{2aM}{b} \implies x = \pm\sqrt{\frac{2aM}{b}}$$

x は発注量なので，負の数になることはありません．よって，

$$(経済的発注量) = \sqrt{\frac{2aM}{b}} (トン)$$

と経済的発注量（EOQ）が導けます．

経済的発注量を示すこの式は **EOQ 公式** とよばれることもあります．ただ，この公式はここで扱った単純な設定のみでしか利用できず，万能ではありません．公式を覚えるよりは，［経済的発注量の導出］手順を理解し設定の変化に対応できるほうが有用です．そこで過程をまとめておきましょう．

[経済的発注量の導出手順]
① 1回の発注量を x とおく⇒年間発注回数を x で表現
② 年間発注費，年間保管費を x で表現し，その和が年間在庫関連費
③ 年間在庫管理費を最小にする x の値を見つける．それが経済的発注量

理解の度合いは，章末の演習問題で試してみましょう．

ころころコラム

物を持つにはお金がかかる

この本はどこで保管していますか？ 本は湿気に弱いので外に放置しないだろうし，きっと机の上とか本棚とかにおいてあることでしょう．するとこの本はスペースを占有していることになります．そして，そのスペースを作るには費用がかかったはずです．家の建築費用，本棚の購入費用などがそれにあたります．湿気を避けるためにエアコンも時々使用し，その電気代もかかっているかもしれません．

もしそのスペースを外部で得ようとしたら，例えばレンタル倉庫でも借りることになるでしょう．レンタル倉庫の料金は約 3 m^3（結構大きなロッカーくらいの大きさ）で月に 10000 円程度らしいです．この本は，約 0.000075 m^3 なので，レンタル倉庫にこの本を保管すると，レンタル倉庫の 4 万分

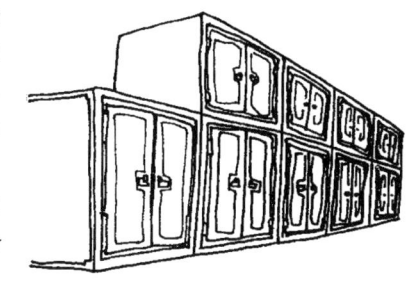

の 1 程度のスペースを占有することになります．このスペースは月に 0.25 円のレンタル費用がかかっていると換算できます．1 年間保持したら，3 円．10 年保持したら 30 円．持っているだけで費用はかかり続けるのです．

　頭で理解した知識は荷物になりませんが，本を所有することで得た気分になっている知識には費用がかかります．オペレーションズ・リサーチの面白さをしっかり理解して，この本を早めに手放すのがオペレーションズ・リサーチが持つ効率化の考え方からは賢明かもしれませんね．

2.2　倉庫の番を経済的にする方法

　前節では，経済的発注量の求め方を考えました．その過程より，図 2.4 で示すように，在庫がゼロになった瞬間に経済的発注量（EOQ）で在庫補充により在庫切れも無く年間在庫関連費が最も安くなることがわかりました．

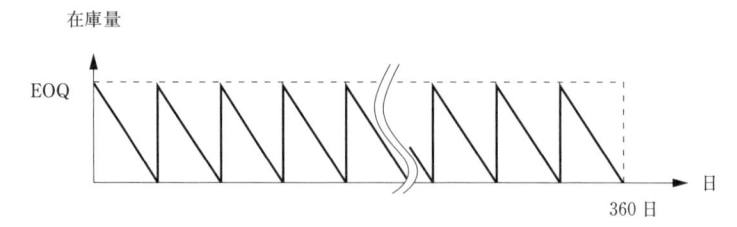

図 2.4　年間在庫関連費が最小になるときの在庫変動

　では，図 2.4 のような最も経済的な在庫の変動を実現するにはどのように管理すればよいのでしょうか．在庫量の変動を制御する手法を**在庫管理法**とよびます．この節では基本的な在庫管理法を紹介していきます．

　ただ，どのように制御するべきかと問題提起されても，在庫に携わった経験がないと何が問

題なのかよくわからないと思います．そこで，何が問題なのかを前節で扱った例題 2.1 の設定を用いて紹介します．自分が倉庫の管理者（倉庫番）になった気分で考えてみてください．

まず，例題 2.1 の設定で在庫量を図 2.4 のように変化させるのは簡単です．なぜなら，工場で消費している液体は，「(ア)発注後すぐに全量納入される」からです．倉庫番は，専用タンクを見て，液体が無くなったと同時に経済的発注量である 300 トンの液体を発注しすぐに納入してもらえば在庫切れ無しで経済的に在庫量をコントロールできます．

しかし，発注後すぐに全量納入が行われるということは現実の世界ではなかなか見かけません．実際は，発注の後しばらく経ってから納入されるのが普通です．この発注と納入の間にできる時間を**リードタイム**とよびます．

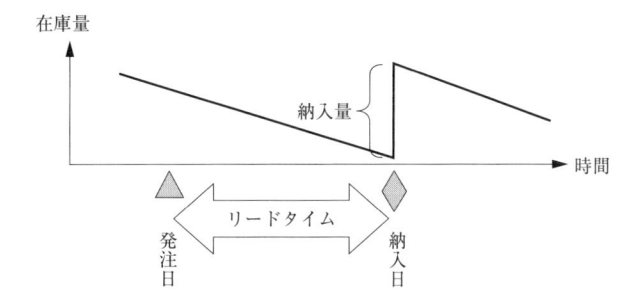

リードタイムが 0 日で無いときは，いつ発注するべきでしょうか？　以下の例題 2.2 に取り組んでみましょう．例題 2.1 からの変更点はリードタイムが 16 日に設定されている点だけです．

■**例題 2.2**
例題 2.1 の(ア)を以下の(カ)に変更します．在庫切れ無しで最も経済的に在庫を管理する適切な発注ルールを提案してください．
　　(カ) 液体は発注した日から 16 日後に全量一括納入される．

経済的発注量の導出にリードタイムの情報は用いなかったので，経済的発注量に変化はありません．よって，在庫量が 0 になった時に経済的発注量 300 トンの液体の納入を受ける繰り返しが最も経済的な在庫量の変動です．「リード

タイムが 16 日」で,「在庫が 0 になった時に納入」してもらうには,

　　　望ましい発注：在庫が 0 になる 16 日前に（300 トン）発注する

との案が考え付きます．しかしこの案は指示の観点から不適切です．なぜなら，倉庫番に在庫が 0 になる日を予測するという難しい作業をこの案は強いるからです．もっと容易な，倉庫番の負担を減らす適切な代替案を考えましょう．

わかりやすい発注の基準

在庫が 0 になる日を予測する代わりの発注基準を考えましょう．もちろん，実際に経験しないと何がわかりやすいのか見当がつきません．しかし，一般論として誰でも確認できる数値利用はわかりやすさにつながるようです．例えば，
① 現在の在庫量
② カレンダー上での日数
は確認しやすいでしょう．そこで，これらを利用した基準を考えてみましょう．

① **現在の在庫量を基準にした発注基準：発注点法**

在庫量が 0 になる 16 日前に発注するのが適切な発注のタイミングです．では，在庫量が 0 になる 16 日前の在庫量は何トンでしょうか．1 日にちょうど 5 トンずつ消費されるので，16 日前は 5（トン）× 16（日）= 80 トンの在庫があるはずです．つまり，次の 2 つの発注基準は同じです．

　　　（在庫量が 0 トンになる 16 日前に発注）
　　　　　　⇔（在庫量が 80 トンになったら発注）

在庫量が 0 トンになる 16 日前といわれると実際にいつ発注するのか判断が難しいですが，目の前の在庫量が 80 トンになったら発注するという判断は簡単です．例題 2.2 の答えのひとつとして

【例題 2.2 解答例：その 1】 在庫量が 80 トンになったら 300 トン発注する．

という発注基準が提案できます．

ところで，このように現在の在庫量を観察して，在庫量がある基準値になったら経済的発注量を発注するという発注基準を**発注点法**とよびます．また，その発注タイミングの基準になる量を**発注点**とよびます（図 2.5）．

図 2.5 発注点法

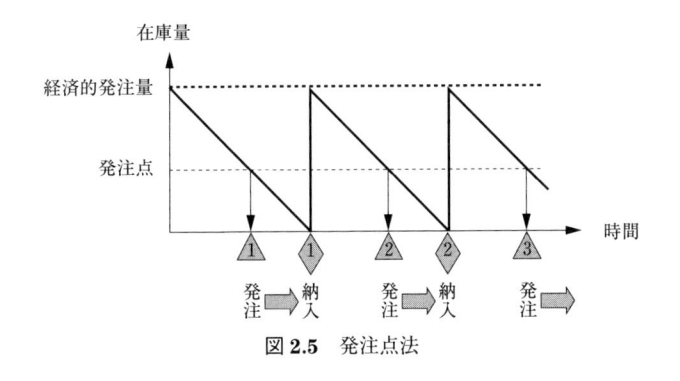

発注点法を実行するには,発注タイミングの基準としての発注点と発注量を定める必要があります.
[発注点法での指示に必要な数値]
　　　　発注点＝リードタイム内での需要(予測)量
　　　　発注量＝経済的発注量
　スーパーやコンビニの電池売り場などで,ある商品が少なくなると「この商品はまもなく補充されます」といった札がかかっていることがあります.これも一種の発注点法で,この札が見えたら店側は必要量発注するわけです.毎日在庫量を確認するのが大変なときは便利な方法です.また,スーパーのレジでもらうレシート用紙の右端がピンク色に染まっていることがあります.これはそろそろレシート用紙が切れるので次のロールを準備してくださいという合図です.これも,発注点法のアイディアです.

② カレンダー上での日数を基準にした発注基準：定期発注法
　次に,日数を基準にした発注基準を考えてみます.在庫量が0トンになる16日前に300トンを発注できたと仮定します.さて次の発注はいつ行えばよいでしょうか？
　発注点法を説明した図2.5を見てください.今回の発注日が△で示されています.次の発注日は,次に在庫量が0トンになる16日前のはずですので,△で示される日です.△と△の間隔は60日間です.60日というのは,経済的発注量300トンが消費される日数と一致しますが,これは偶然ではありません.

最初だけちょうどよいタイミングで経済的発注量 300 トンを発注できれば，その後は 300 トンが消費される日数の間隔，つまり 60 日間隔で 300 トンを発注していけば，結果的に在庫量が 0 トンになる 16 日前に発注していることになります．つまり，例題 2 のもうひとつの答えとして，

【例題 2.2 解答例：その 2】 在庫が 0 トンになる 16 日前を 1 回だけ予測しその日に 300 トン発注し，その後は 60 日ごとに 300 トン発注する．

という発注基準を提案できます．もちろん，最初の発注タイミングを決めるのは面倒ですが 1 回だけです．その後は，カレンダーに 60 日ごとに丸を付け，その日になったら 300 トン発注するだけなので楽なルールといえます．

　この 2 つ目の発注基準を**定期発注法**とよびます．定期発注法を実施するには，最初の発注日，発注量，発注間隔の 3 つを定める必要があります．

[定期発注法での指示に必要な数値]

　　初回の発注日
　　発注量＝経済的発注量
　　発注間隔＝経済的発注量が消費される日数

　定期的に行動を起こすというルールはなじみ深いのでよく見かけます．例えば，ゴミ回収での毎週月曜日に不燃物の回収といったルールや，コンビニエンスストアでの毎日 15 時に次の日のお弁当を発注するなどは定期発注法の一種です．ただ，最適な発注間隔で実行されているかというと必ずしもそうではないようです．例えば，発注するタイミングを「毎週月曜日」や「毎日 15 時」といったわかりやすい区切りに定めることが多いからです．最適ではない発注間隔で定期発注法を実施した場合は，在庫関連費が割高になっているはずです．しかし，その余計な費用を覚悟した上でも，発注間隔のわかりやすさを優先する場合も多いようです．この選択に関しては OR の別なトピックになります．ここでは，費用の観点に話題を絞っておきましょう．

例題 2.2 の答えとして発注点法と定期発注法のふたつの在庫管理方法を紹介しましたが，このふたつは在庫管理の基本的なアイディアで，これら以外にも様々な管理法が提案されています．

ころころコラム

より簡単な在庫管理法

ほとんどの家ではガスを利用していますが，このガスには主にパイプラインで供給される都市ガスと，ボンベで供給されるプロパンガスがあります．プロパンガスは通常 2 本以上で提供されるのが普通です．1 本が空になったら，もう 1 本を利用し，その間に新しいボンベに交換すれば，ガス切れが起きないからです．

話題が変わって，居酒屋で飲む生ビールは生ビール専用樽で提供されています．これも，居酒屋では 2 樽以上保存していることが多いようです．1 樽が空になった時点で発注しながら，生ビールの品切れを防いでいます．

いずれも，ボンベや樽の空になった時が発注点である発注点法の簡易版で 2 ビン法とよばれています．発注点が最適ではないかもしれませんが，簡単なルールで物事がスムーズに運ぶアイディアですね．

定期発注法での発注量の修正方法

定期発注法の理解をもう少し進めましょう．定期発注法が最適な発注間隔で実行される時，発注量は経済的発注量です．しかし，発注日のわかりやすさなどを優先し発注間隔が最適で無い時は，発注量を修正しなくてはなりません．次の例題がその例です．

■例題 2.3

例題 2.2 の(カ)を以下の(カ′)に変更します．
　　（カ′）液体は発注 40 日後に全量一括納入される．
液体は毎月 1 日に発注する定期発注法で在庫管理がなされ，今日は今月の発注日とします．液体の現在の在庫量は 60 トンで，発注残が 190 トンあります．今回の適切な発注量を求めなさい．

ここで，**発注残**とはその時点で既に発注済みだが未納入の物の量を指す専門用語です．まだ倉庫には無いだけで，在庫の一部とすべきでしょう．

(解説) さて，今回の発注量をとりあえず x トンとおき，在庫量の変動のイメージを描いてみましょう．

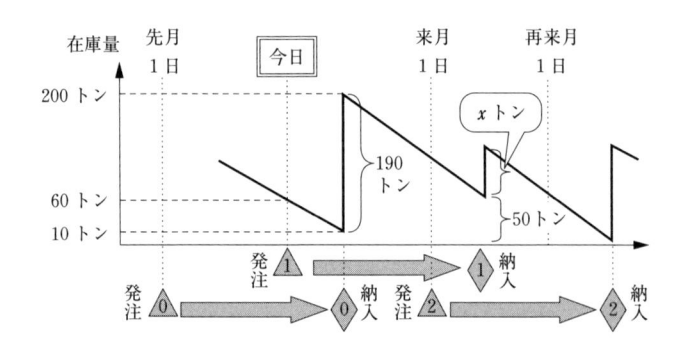

今回の発注日（今日）は△で，納入日は①で示してあります．また，前回と次回の発注日とその納入日が，△，◇，△，②で各々示してあります．今日△の在庫は 60 トンです．前回△に発注された液体 190 トンは今日△までには納入されておらず，発注残になっています．その発注残が納入される◇の時点は△から 10 日後で，その納入前の在庫量は 10 トン，納入後に 200 トンになります．次の納入日①までの 30 日間に液体は 150 トン消費され，①の時で納入前の在庫量は 50 トンで，今回の発注量 x トンが納入され在庫は $50+x$ トンと計算できます．さらにその次の納入日②の納入前の在庫量は $(50+x) - 150 = x - 100$ トンとなります．ところで，在庫が 0 トンになった時に納入がなされると保管費用に無駄がなく，納入日②での納入前の在庫量は 0 トンとすべきです．つまり，$x - 100 = 0$ より，今回△の発注量は $x = 100$ トンとなります．

【例題 2.3 の解答例】 今日は 100 トン発注する．

定期発注法で発注間隔が決められている時の発注量の算出方法は一般的に次のようにまとめられます．

$$（発注量）＝[（リードタイム）＋（発注間隔）] \times （1日の需要量） － \{（在庫量）＋（発注残）\}$$

ところで，⓪や①では在庫が残っているのに納入が行われています．これは過去の発注が原因で避けられません．過去の判断の間違いをすぐには修正できないのが在庫管理の難しい点です．

リードタイムは短いほうがお得

在庫を管理する難しさのひとつに将来の在庫量の変動を予測しなくてはならない点があります．予想を誤り，過大（過小）に発注を行うと損失につながります．つまり，在庫関連費用をより少なくするには，精度の高い予測が必要なのです．そこで，多くの予測技術が考えられています（統計学などを勉強してみましょう）．

一方，予測は誤差を避けることは不可能です．ただし，予測する期間を短くすることで誤差を少なくすることは可能です．半年先を予測するよりは，1ヶ月先の予測のほうが当たりそうですよね．

在庫管理の場合の予測期間にはリードタイムなどが関わります．つまり，リードタイムを少しでも短くすることが，予測の向上につながり，在庫関連費用を引き下げるのです．理想はリードタイムが０に限りなく近づくことです．この点を突き詰めた生産管理方法には，**ジャストインタイムやカンバン方式**などがあり，世界に広く知られる日本発の技術です．

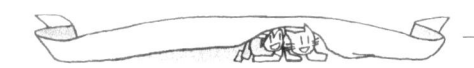

2.3 まとめ

　ここでは，在庫関連費用を最小にする在庫の管理方法の基本的なアイディアに関して紹介しました．ただ物を保管しているという現象でも，費用という切り口から眺めただけでも様々なアイディアが必要になってきた様子を感じてもらえたと思います．次の3章では，ここでの在庫管理の舞台を利用して，より現実に近い設定で話を進めていきましょう．

さらに学ぶために

- 在庫管理の数理的な扱い方をさらに俯瞰したい人向け
  柳沢滋『在庫管理のはなし　在庫の仕組みと管理の手法』日科技連出版（1988）
  圓川隆夫・伊藤謙治『生産マネジメントの手法』朝倉書店（1996）
- 在庫管理が生産分野でどのような役割を持つか俯瞰したい人向け
  田中一成『図解　生産管理』日本実業出版（1999）

演習問題

2.1　(納入に時間がかかる時) 例題2.1の(ア)のみを次の(ア′)に換え，他の設定は同じとします．このときの経済的発注量を求めなさい．
(ア′) 液体は発注後すぐに1日9トンの割合で納入される．

2.2　(リードタイムが長い時) 例題2.1の(ア)のみを次の(ア″)に変更します．発注点法で管理する場合，発注点は何トンに設定しますか．
(ア″) 液体は発注した日から80日後に全量納入される．

第3章 将来を考えて在庫を管理する
データと予測

　ある原料や商品などの将来の需要量が確実にわかっていれば，将来の動きが容易に把握できます．しかし実際には，将来の需要量を確実に把握できることは滅多にありません．さらに，将来を確実に予測することは不可能と思われます．不可能ならあきらめたい気分になりますが，ある程度の確率で当たれば十分だよと言ってもらえれば，ずいぶん気が楽になり，数値的な予測も可能になります．ここでは，ある程度の確率で当たれば十分との場合の予測に用いる基本的な手法のひとつである正規分布の利用を紹介しましょう．また，その利用に必要なデータの扱い方にも触れてみましょう．

　2章の例題2.1では，工場で扱っている液体の消費量は1日ちょうど5トンと確定していました．そのため，複数日の消費量の予測でも簡単にできます．しかし，消費量が確定していない場合には，どのように予測を行えばよいのでしょうか．まずは，第2章での在庫管理手法を題材にした以下の例題に取り組んでみましょう．

■例題3.1

アイスの材料になる液体を60日毎に300トンを発注し，巨大な専用タンクで保管しています．この液体の管理に必要な情報は次のとおりです．

　(サ) 発注の16日後に全量一括納入される．

　(シ) 1日の消費量は，平均5トン，標準偏差3トンの正規分布に従っている．

　(ス) 在庫切れは発注20回のうち1回程度に抑えたい．

さて，発注点法で在庫管理を行う場合，発注点は何トンが適切でしょうか？

この例題は例題 2.1 を参考にし，最後の 2 つの設定(シ)と(ス)が異なります．

例題 2.1 の設定	⇒	今回（例題 3.1）の設定
毎日 5 トン消費（需要量一定）	⇒	平均 5 トン消費（需要量変動）
品切れを許さない	⇒	20 回に 1 回程度なら品切れを許す

変更された設定には「正規分布」など新しい用語も登場します．まずは新しい設定での問題の意味を理解してみましょう．

3.1 変動する需要量の捉え方

品切れは許さない vs ある程度許す

まず，設定(ス)「品切れは発注 20 回のうち 1 回程度に抑えたい」から考えます．抑えたいということは，品切れを許しています．なぜ，許したのでしょうか？

そこで，液体の消費量に変動がある状態で品切れを許さないとした場合，工場は液体をどの程度準備しておけばよいか考えてみましょう．例えば，1 年分の平均消費量である 1800 トン程度でしょうか？ しかし，消費が爆発的に伸びたら品切れを起こしてしまいます．では，その 2 倍を準備すれば十分でしょうか？ 同じ理由で，それでも十分ではないでしょう．実はどんなに大量に準備しても，品切れが絶対に起きないという保証は不可能です．万が一という可能性はいつも残ります．もしそのような要求があったとすると，それは理不尽としか言いようがありません．つまり，消費量が変動する場合に品切れをどの程度受容するかが重要になります．

「20 回に 1 回程度の品切れは許す」とは，その程度の品切れはあきらめるので，その範囲で在庫管理を行ってほしいという意味になります．ところで，「20 回に 1 回程度の品切れ」という表現は長いので以後は，1/20 = 0.05 = 5％ より，「**品切れ率が 5％以内**」とよぶことにします．

「正規分布に従う」とは？

次に，設定(シ)「消費量は…正規分布に従っている」を理解してみましょう．

毎日の消費量の記録があるとします．例えばそれを元に1日の消費量の分布を0.5トン刻みで度数を数え，その割合を棒グラフで示してみました．

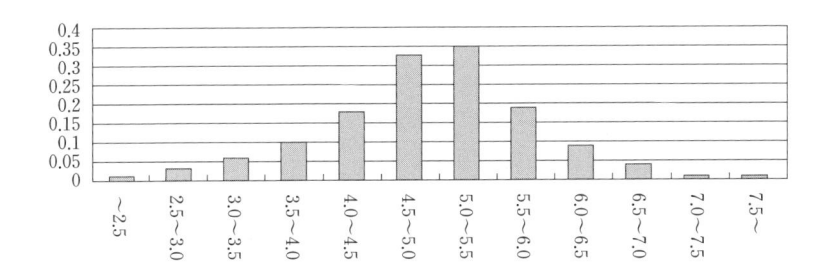

棒グラフの横軸が消費量，縦軸は度数の割合です．棒グラフを見ると，5トン付近の度数割合が多く，5トンから離れるにつれ左右対称で徐々に度数割合が減少していく様子が見られます．消費量は日々偶然に決まっている割には規則性がある気がします．そこで，発想を逆転させ，日々の消費量は何らかの確率の下に決まっていくのではないかと考えてみます．そうだとすると，消費量の分布に何らかの特徴があっても説明ができるからです．

では，一日の消費量を決めていると推定できる確率はどんなものでしょうか？　それはきっと，5トン付近が出現しやすく，5トンから離れるにつれて左右対称に徐々に出現しにくくなる富士山型の形になっていると想像できます．このような形の確率の代表的なひとつの分布を**正規分布**とよびます．

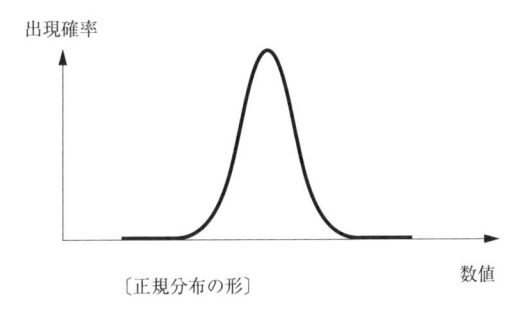

〔正規分布の形〕

第3章　将来を考えて在庫を管理する ─── 29

ここで気をつけたいのは,「一日の消費量がある確率の下に定まっていくとしたら」とは仮定で,それが正しいとは言っていない点です.しかし,「**正規分布に従う**」という言葉は,この仮定が正しく,一日の消費量は正規分布とよばれる数値の出現確率の下に決められていくと信じなさいと神のお告げのように言っているのです.

ところで,信じなさいと言われても,簡単に従うことはできません.しかし,数理的に妥当性を示すことも可能ですが,自然界で生じる現象から信じてよさそうだと感じることも可能です.例えば,人間の身長や体重.一見バラバラですが,多人数のデータを集計し確認すると正規分布に従っています.小売店での日々安定して売れている商品の販売量.やはり正規分布に従っていることが多いです.正規分布に従うということは比較的自然な仮定なのです.

標準偏差

正規分布を特徴付けるキーワードは標準偏差です.ここではその意味を理解してみましょう.以下の図はいずれも正規分布のグラフです.どれも,富士山型で正規分布のグラフの特徴を満たしています.

しかし山の裾野の開き具合が異なり,見た目は違います.山の高さも違いますが,山の高さは裾野の開き具合に影響されているだけです.なぜなら,正規分布は数値の出現する確率を示しているのですから,山に囲まれた領域の面積はどの形でも1で同じです.面積が等しい時,裾野が広い山は低いし,裾野が狭い山は高くなるはずです.このことから,正規分布のグラフは,裾野の広が

り具合で特徴付けられるといえます．では，この山の裾野の広がり具合はどのように数値化すればよいでしょうか？　ある決まった位置で裾野の広がりの幅を計ればよいでしょう．そうなると，ある決まった位置はどこにしましょうか？

　理論的背景は省略して，山の大体 6 合目の位置（正確には山の高さの 0.6065…の位置）の幅を山の広がり具合の基準にしてみました．この高さでの中心からの幅を**標準偏差**とよびます．つまり，標準偏差は山のウエストサイズのようなものなのです．山が険しい正規分布の形では，標準偏差が小さく，なだらかな山では標準偏差が大きな数値になることがわかります．なお，標準偏差は σ（シグマ）というギリシャ文字で表現することが多いようです．

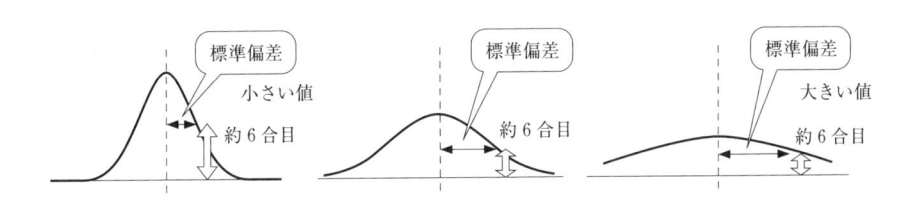

　例題 3.1 では「標準偏差が 3 トン」とあり，山の高さの約 6 合目での幅が山の中心（＝ 5 トン）から 3 トン離れている正規分布の形に確率分布が従っていると特徴付けられているのです．

正規分布の利用法

　正規分布はある区間の数値が出る確率を示しています．ここでは，例題 3.1 の設定を利用してある需要量が出現する確率の求め方を紹介しましょう．

　ある区間の数値が出現する確率は，正規分布の山で対応する部分の面積から導けます．例えば，「5 トン以下」の消費量になる確率を導きましょう．まず「5 トン以下」という区間を正規分布のグラフ上で図示してみます．正規分布

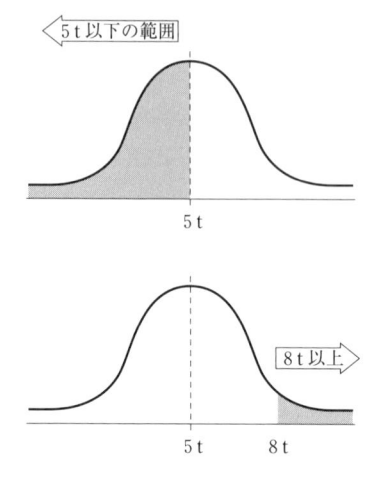

の中心が5トンなので，中心から左側半分が「5トン以下」に対応します．山全体の面積はちょうど1で，該当部分は山の半分なので面積は0.5と判断できます．つまり，5トン以下の消費量が出現する確率は0.5です．

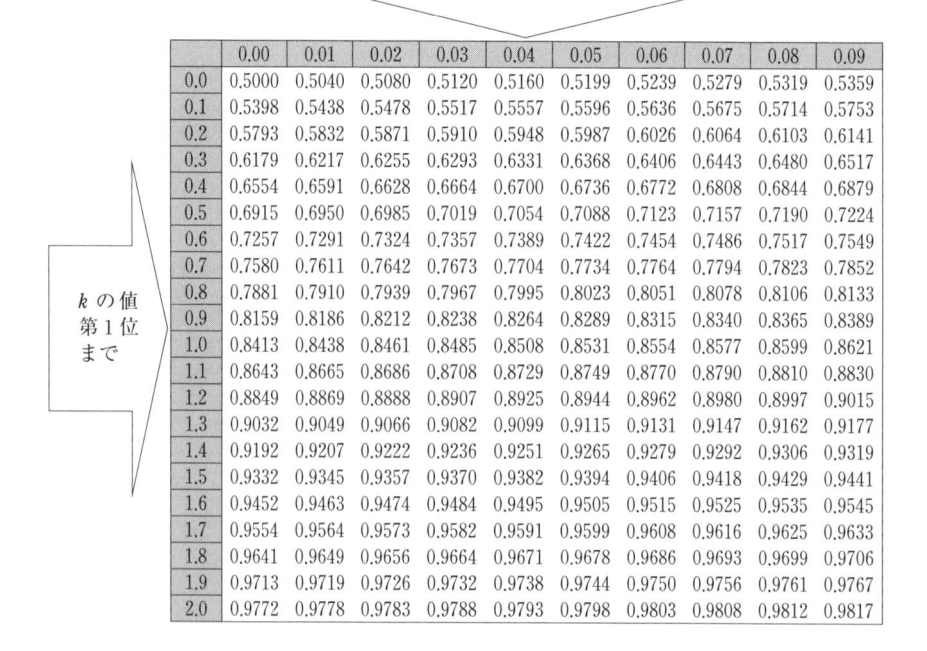

同様に，消費量が「8トン以上」になる確率を求めてみましょう．右図で8トン以上に対応する部分は斜線部です．この面積の目測は難しいですが，大体全体の0.15程度です．（より正確には約0.158です．）つまり，「8トン以上」液体が消費される確率は0.15程度といえます．

表3.1　k の値から確率 P を導く（標準）正規分布表

k の値 第1位まで \\ k の値 小数第2位	0.00	0.01	0.02	0.03	0.04	0.05	0.06	0.07	0.08	0.09
0.0	0.5000	0.5040	0.5080	0.5120	0.5160	0.5199	0.5239	0.5279	0.5319	0.5359
0.1	0.5398	0.5438	0.5478	0.5517	0.5557	0.5596	0.5636	0.5675	0.5714	0.5753
0.2	0.5793	0.5832	0.5871	0.5910	0.5948	0.5987	0.6026	0.6064	0.6103	0.6141
0.3	0.6179	0.6217	0.6255	0.6293	0.6331	0.6368	0.6406	0.6443	0.6480	0.6517
0.4	0.6554	0.6591	0.6628	0.6664	0.6700	0.6736	0.6772	0.6808	0.6844	0.6879
0.5	0.6915	0.6950	0.6985	0.7019	0.7054	0.7088	0.7123	0.7157	0.7190	0.7224
0.6	0.7257	0.7291	0.7324	0.7357	0.7389	0.7422	0.7454	0.7486	0.7517	0.7549
0.7	0.7580	0.7611	0.7642	0.7673	0.7704	0.7734	0.7764	0.7794	0.7823	0.7852
0.8	0.7881	0.7910	0.7939	0.7967	0.7995	0.8023	0.8051	0.8078	0.8106	0.8133
0.9	0.8159	0.8186	0.8212	0.8238	0.8264	0.8289	0.8315	0.8340	0.8365	0.8389
1.0	0.8413	0.8438	0.8461	0.8485	0.8508	0.8531	0.8554	0.8577	0.8599	0.8621
1.1	0.8643	0.8665	0.8686	0.8708	0.8729	0.8749	0.8770	0.8790	0.8810	0.8830
1.2	0.8849	0.8869	0.8888	0.8907	0.8925	0.8944	0.8962	0.8980	0.8997	0.9015
1.3	0.9032	0.9049	0.9066	0.9082	0.9099	0.9115	0.9131	0.9147	0.9162	0.9177
1.4	0.9192	0.9207	0.9222	0.9236	0.9251	0.9265	0.9279	0.9292	0.9306	0.9319
1.5	0.9332	0.9345	0.9357	0.9370	0.9382	0.9394	0.9406	0.9418	0.9429	0.9441
1.6	0.9452	0.9463	0.9474	0.9484	0.9495	0.9505	0.9515	0.9525	0.9535	0.9545
1.7	0.9554	0.9564	0.9573	0.9582	0.9591	0.9599	0.9608	0.9616	0.9625	0.9633
1.8	0.9641	0.9649	0.9656	0.9664	0.9671	0.9678	0.9686	0.9693	0.9699	0.9706
1.9	0.9713	0.9719	0.9726	0.9732	0.9738	0.9744	0.9750	0.9756	0.9761	0.9767
2.0	0.9772	0.9778	0.9783	0.9788	0.9793	0.9798	0.9803	0.9808	0.9812	0.9817

ところで，目測では正確さに欠けます．より正確に面積を測る手段としては，(標準) **正規分布表**とよばれる表を利用する方法があります．正規分布表とは，平均値から標準偏差の k 倍離れた部分以下の面積 P を羅列したものです．k の値として小数点以下2位まで示せるように，縦軸に小数点1位まで，横軸に小数点2位の値をとり，表3.1のような形式で示すことが多いようです．

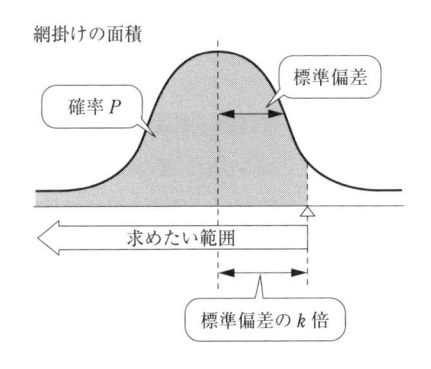

例えば正規分布表を用いて，次の確率を求めてみましょう．

クイズ1 8.39トン以下の消費量になる確率は？

(答) 8.39トンは平均値5トンから3.39トン離れています．正規分布表では標準偏差の k 倍離れているという数値「k」を利用します．そこで，まずは k の値を算出します．標準偏差は3トンなので，

$$k = \frac{(平均値との差)}{(標準偏差)} = \frac{3.39}{3} = 1.13 (倍)$$

です．正規分布表で1.13に対応する場所は縦軸で「1.1」，横軸で「0.03」の部分を探します．すると，「0.8708」と表示されています．つまり，クイズ1の答えは87.08％の確率と算出できます．

表3.2 (例) $k=1.13$ のときの正規分布表の読み方

	0.00	0.01	0.02	0.03	0.04	0.05	0.06	0.07	0.08	0.09
1.0	0.8413	0.8438	0.8461	0.8485	0.8508	0.8531	0.8554	0.8577	0.8599	0.8621
1.1	0.8643	0.8665	0.8686	0.8708	0.8729	0.8749	0.8770	0.8790	0.8810	0.8830
1.2	0.8849	0.8869	0.8888	0.8907	0.8925	0.8944	0.8962	0.8980	0.8997	0.9015

クイズ2 2.84 トン以下の消費量になる確率は？

（答）正規分布表は平均値より大きなある数値以下の部分の面積 P を示していますので，この問題のように平均値より小さい数値以下の部分の算出はできないように思えます．しかし，正規分布は左右対称である性質を利用し導くことが可能です．まずは，k の値を計算してみましょう．

$$k = \frac{(\text{平均値との差})}{(\text{標準偏差})} = \frac{(2.84 - 5)}{3} = -0.72 (\text{倍})$$

k の値がマイナスになってしまいましたが，とりあえず $k=0.72$ として正規分布表を見てみましょう．$P=0.7642$ です．この P は「2.84 トン以上」になる確率を意味しますが，正規分布の対称性より「2.84 トン以下」の場合は 1 − 0.7642 = 0.2358，つまり，答は 23.58％の出現確率となります．

クイズ3 2.84 トン以上 8.39 トン以下の消費量になる確率は？

該当する範囲を自分で描きイメージしてみましょう．クイズ1，クイズ2で両端の各部分の面積はわかっています．山の全面積は 1 なので，求めたい部分の面積は，1 から両端の面積を除き，63.50％と得られます．

このように，正規分布に従うという場合に，将来の消費量がある区間内で出現する確率は，正規分布の図上で対応する部分の面積算出で得ることができます．ここで，確率は区間で求めるもので，ある1つの数値が出現する確率を求めることではない点に注意しましょう．1つの数値が出現する確率はほぼ 0 に近くなり無意味です．正規分布を使う時のコツですので覚えておいてください．

複数日分の需要分布を把握する

例題 3.1 では 1 日の需要量が変動します．そのため，発注後に商品が届くまでの 16 日間にどの程度需要があるかを予測しなくては発注点を定めることができません．16 日間の需要量を予測するにはその分布が必要です．しかし残念ながら，例題では 1 日分の情報しかなく，16 日間の需要に関する情報は与えられていません．しかし，正規分布には「1 日の情報」から「複数日（t 日）の情報」に次のように変換できるという便利な性質があります．

(t日間の需要の平均) = (1日の需要の平均) × t

(t日間の標準偏差) = (1日標準偏差) × $\sqrt{t}$

　複数日間の消費量の平均値は単に1日の平均値に日数を掛け合わせただけですが，標準偏差導出の際は日数の平方根倍になっているので注意が必要です．この性質を用いることで，例題 3.1 で必要な 16 日間の需要の平均値と標準偏差が次のように得られます．

(16日間の需要の平均) = 5(トン) × 16 = 80(トン)

(16日間の標準偏差) = 3(トン) × $\sqrt{16}$ = 12(トン)

例題 3.1 にアタック

　前準備が長くなりましたが，例題 3.1 に取り組んでみましょう．消費量に変動の無い場合，リードタイム 16 日間の消費量が 80 トンであることから発注点は 80 トンでした．しかし，変動がある場合，16 日間に 80 トン以上の消費がある確率は 50%なので，発注点を 80 トンに設定すると，発注から 16 日目までに 50%の確率で品切れを起こしてしまうことがわかります．

　品切れ率は 5% 以内との指示ですので，80 トンよりも大目に発注点を設定しなくてはならないようです．どの程度発注点を上げればよいのでしょうか？ とても多い量に発注点を設定すれば品切れを起こすか確率はぐっと減らせます．しかし，その分在庫量が増え，保管費が増加してしまいます．大切なのは，品切れのリスクを抑えながら，在庫管理費も抑えるということになります．この観点から，発注点はできる限り低くすべきです．品切れ率を 5% 以内に抑える最も低い発注点を設定するのが適切です．

　発注点法で在庫管理を行う時，品切れはリードタイム（= 16 日）間に発注点より多くの消費が起こった時に生じます．つまり，発注点をある値 α に設定したとき，α より多くの消費量があったときに品切れということなので，

(発注点が α の時の品切れ率)

= (リードタイム内に α より多く消費する確率)

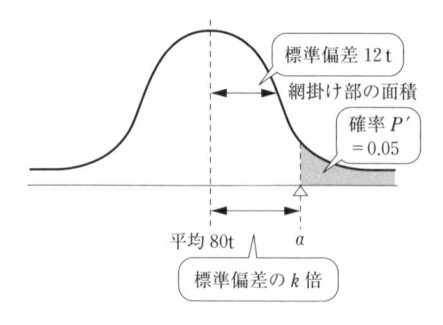

という関係が成り立ちます．そこで，右辺に注目し，（リードタイム内にαより多く消費する確率）＝ 5％になるαを求めましょう．正規分布のグラフで解釈すると，αより大きな部分の面積P'が 0.05 であるαを求めることになります．

正規分布に従う需要量について扱うので，正規分布表を利用することになりますが，注意しなくてはならないのは，正規分布表ではαは直接使用しないことです．正規分布表で用いる値は，平均値との差と標準偏差の比kです．そこで，αの値はkに変換する必要があります．kとαの関係は，平均値（＝ 80 トン）と標準偏差（＝ 12 トン）を用いて，

$$\alpha = (平均値) + k \times (標準偏差)$$

です．よって，リードタイム内に

(αより多くの消費する確率)
＝（[平均値＋k×標準偏差]より多く消費する確率）

と言い換え，（平均値＋k×標準偏差より多く消費する確率）＝Pが 5％になるkを正規分布表から導出して見ましょう．

まず，正規分布表で$P = 1 - 0.05 = 0.95$の値を取る場所を探すと，ちょうど$k = 1.64$と$k = 1.65$の間くらいが該当することがわかります．正確にkの値を定めるのは難しいのですが，ここでは中間値を取り$k = 1.645$としましょう．kが定まれば，αも計算できます．

$$\begin{aligned}\alpha &= (平均消費量) + k \times (標準偏差)\\ &= 80\,トン + 1.645 \times 12\,トン = 99.74\,トン\end{aligned}$$

ということで，16 日間に品切れを起こす確率を 5％以内に抑える最小の発注点は 99.74 トンということになります．

【例題 3.1 の答え】 発注点を 99.74 トンに設定する．

もし 99.74 トンという細かな数字ではなく整数で設定したい時は 99 トンと 100 トンのどちらがよいでしょうか？ 答は 100 トンです．なぜなら，99 トンと設定すると品切れ率が 5％を超えてしまうからです．切り上げや切り捨てで整数化する時はその影響を考えなくてはなりません．

さて，例題 3.1 では消費量に変動のある場合を扱ってきました．発注点をみると変動が無いときは 80 トンでよかったものが，変動がある場合は品切れの危険性を抑えるために 19.74 トン多めに発注点を設定しています．この品切れの危険性を抑えるために余分に持つ在庫を**安全在庫**とよびます．品切れ率を 5％以内に抑えたい場合は

$$(安全在庫量) = 1.645 \times (標準偏差)$$

で計算できるので，この「1.645」という係数を品切れ率 5％の時の**安全係数**とよぶこともあります．ちなみに，品切れ率が 1％，10％の時の安全係数も正規分布表から次のように探すことができます．確認してみてください．

品切れ率 1％ $\implies$ 安全係数 2.326

品切れ率 5％ $\implies$ 安全係数 1.645

品切れ率 10％ $\implies$ 安全係数 1.282

なお，定期発注法を用いて在庫管理を行う場合でも，消費量に変動を考慮して発注量を修正し，費用をより抑えることが可能です．その場合を章末に演習問題 3.1 として用意してあります．取り組んでみてください．

3.2 データからの在庫管理

ここまでは，1 日の消費量は平均 5 トン，標準偏差が 3 トンと正規分布利用に必要な統計データが既に与えられていました．しかし，実際に在庫管理を行う場合は生のデータから導き出してくる必要があります．ここでは，その方法を紹介しましょう．

■例題 3.2

次の表は工場で消費している液体の最近 11 日間の消費量です．

- ○月 1 日：　1.2 トン
- ○月 2 日：　8.4 トン
- ○月 3 日：　7.5 トン
- ○月 4 日：　7.2 トン
- ○月 5 日：　2.9 トン
- ○月 6 日：　3.1 トン
- ○月 7 日：　0.9 トン
- ○月 8 日：　5.7 トン
- ○月 9 日：　6.8 トン
- ○月 10 日：　9.1 トン
- ○月 11 日：　2.2 トン

毎日の消費量は正規分布に従っていると思われます．データから平均値と標準偏差を求めなさい．

まずは平均値を求めてみましょう．11 日分のデータの平均値は，データの総和をデータ個数で割ることで求められます．つまり，

(データの平均値)
$$= \frac{1.2+8.4+7.5+7.2+2.9+3.1+0.9+5.7+6.8+9.1+2.2}{11} = 5.0$$

です．ところで，この 5.0 という数値は「11 個のデータの平均」ですが，毎日の消費量が従っている「正規分布の平均」にはなっているのでしょうか？ 少しわかりづらい問題提起ですが，注意してほしいことは 11 個のデータは毎日の消費量のデータの一部でしかないということです．毎日の消費量のデータすべてを**母集団**とすると，11 個のデータはその一部の**標本**といえます．一部のデータの平均が，データ全体の平均として採用

してよいのかという点が問題になるわけです．実は答を簡単に言ってしまうと，標本データ数が十分多い時は，その平均を母集団のデータの平均として採用してもよいという性質があります．例題3.2では標本データ数が11個なので十分多いかは疑問ですが，ここでは毎日の消費量の平均も5.0トンとみなしましょう．

次に，標準偏差について考えてみましょう．データの標準偏差は，

① データごとにデータ平均との差をとり
② それを2乗し
③ それらの総和をとり
④ それをデータ数で割り
⑤ その平方根をとる

という5つのステップで求めることができます．しかし，残念ながら，標準偏差の場合，11個のデータの標準偏差をそのまま母集団の標準偏差としては利用できないことが知られています．少しずれがあるのです．そのずれを修正する方法はいろいろ知られています．簡単な修正法の1つとして，ステップ④でデータ数ではなく，（データ数－1）で割る方法があります．この方法で母集団の標準偏差を推定すると以下のように，正規分布の標準偏差は3トンと推測できます．

データ	①平均（＝5）との差	②2乗した値
1.2	-3.8	14.44
8.4	3.4	11.56
7.5	2.5	6.25
7.2	2.2	4.84
2.9	-2.1	4.41
3.1	-1.9	3.61
0.9	-4.1	16.81
5.7	0.7	0.49
6.8	1.8	3.24
9.1	4.1	16.81
2.2	-2.8	7.84
		↓
	③ 総和	90.3
	④ （データ数－1）＝10で割る	9.03
	⑤ 平方根をとる	3.0

得られている一部のデータから，母集団の平均や標準偏差をどのように正確に予測するかの方法は統計学では大きな柱のひとつです．詳しい方法は統計学のテキストを参考にしてください．ここでは，在庫管理の実施には統計データの扱い方が基礎技術のひとつになっていることがわかってもらえたと思います．

3.3 儲かる商品はきめ細かく管理しよう：ABC 分析

多種類の物を同時に管理する場合，どれをどのように管理するのが適当でしょうか．例えば，コンビニエンスストアの数千種類の商品群のなかで，お弁当や牛乳などの保存期間が短い商品は定期発注法がよいでしょう．なぜなら，需要が変動する場合，発注点法ではいつ発注が行われるか不確定で，その前に商品が腐ってしまうかもしれないからです．一方，長期保存が可能なものは管理の手間の少ない発注点法がよいでしょう．ただし，発注点法は手間が少ない反面，急な需要変化には対応できません．一方，定期発注法は，在庫量を定期的に確認し発注するので手間はかかりますが，急な需要変動にも対応できます．こう捉えると，長期保存が可能な商品でも，手間以上の利益を出してくれる売れ筋商品などは定期発注法がよさそうです．この売れ筋商品の選択をサポートしてくれる手法として **ABC 分析** があります．

■例題 3.3

ある店では長期保存可能な以下の 6 つの商品を扱っています．

商品名	単価	年間販売量	年間売上金額
a	4000 円	1 千個	400 万円
b	200 円	50 千個	1000 万円
c	150 円	60 千個	900 万円
d	100 円	40 千個	400 万円
e	3000 円	4 千個	1200 万円
f	1000 円	1 千個	100 万円

各商品の在庫管理法を決めてください．

(**解説**) どれも長期保存が可能なので，管理方法を決める目安はその商品がどの程度売上に貢献しているかです．大きく貢献している商品はきめ細かく管理すべきなので定期発注法を，そうでない商品は管理の手間が余りかからない発注点法を選択すべきでしょう．各商品が売上にどの程度貢献しているのかを見るのに，**パレート分析**という手法があります．

貢献度を測る方法：パレート分析

パレート分析ではまず**パレート分析表**を作成します．パレート分析表とは，年間売上金額（＝単価×年間販売数）順に各商品を並べ，年間総売上金額と各商品の年間売上金額の比率とその累積比率の情報をまとめた表です．例題 3.3 のパレート分析表は次のようになります．

商品名	年間売上金額	比率	累積比率
e	1200 万円	30.0%	30.0%
b	1000 万円	25.0%	55.0%
c	900 万円	22.5%	77.5%
a	400 万円	10.0%	87.5%
d	400 万円	10.0%	97.5%
f	100 万円	2.5%	100.0%
合計	4000 万円	100.0%	

さて次に，このパレート分析表を図で描きましょう．横軸に商品を左から年間売上金額順で等幅の棒グラフを作成します．さらに，累積比率を折れ線グラフとして重ねて描きます．この図を**パレート図**とよびます．例題 3.3 のパレート図は図 3.1 になります．

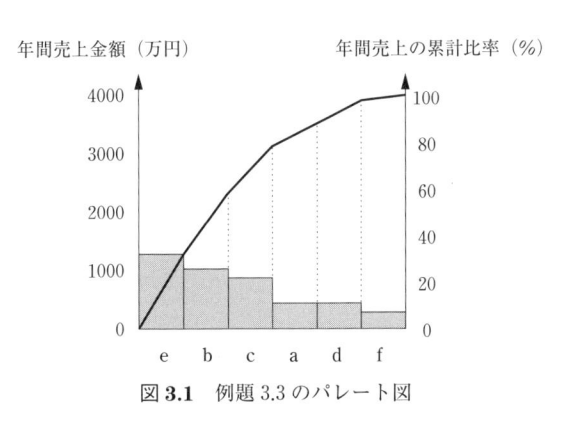

図 **3.1** 例題 3.3 のパレート図

パレート図では左縦軸が年間売上金額を，右縦軸が年間累積比率を示します．
　さて，このパレート図で累積比率が50％と80％の2箇所に線を引いてみましょう．50％の線が年間累積比率の折れ線グラフとぶつかった点を点 α，80％の線がぶつかった点を点 β とします．点 α，点 β から垂直に破線を引いてみましょう．横軸が3つに分かれ，各々を次のようにグループ分けします．
　　一番左側に大部分が属している商品群をAグループ
　　真ん中に大部分が属している商品群をBグループ
　　それ以外の商品群をCグループ
ここでは，商品 e, b がAグループ，商品 c がBグループ，残りの商品 a, d, f がCグループと分類できます．

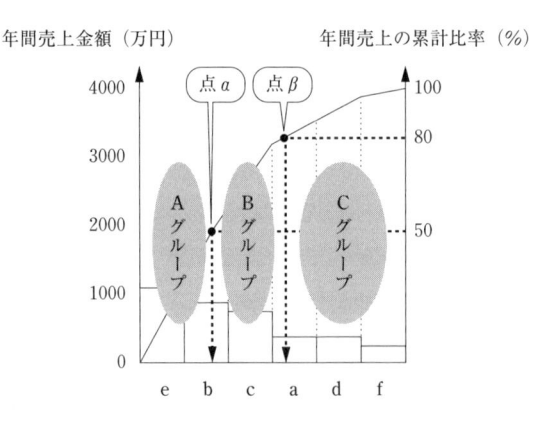

　Aグループに入る商品数は少なくなる傾向がありますが，少ない割には年間売上金額全体の半分を占める重要な売れ筋商品と解釈できます．一方，Cグループの商品は，点数が多い割には年間売上金額全体の20％しか占めず，売上金額全体への影響は少ない商品群と解釈できます．売り場を充実させるために扱っている商品などがこの分類に当たります．つまり，Aグループの商品は売上金額に影響が大きいのできめ細かな管理が必要です．定期発注法が望ましいでしょう．その逆で，Cグループの商品には安価な管理法，つまり発注点法が向いています．中間的なBグループの商品は，状況に応じて適切に管理法を選択するグループといえます．例題3.3では，Bグループの商品 c はどちらかというと年間売上比率がグループAに属した商品に近いので，定期発注法を

適用するという判断が適切でしょう．以上より，例題 3.3 の答えとして以下のような提案が可能です．

【例題 3.3 の解答例】 商品 e, b, c は定期発注法で，残りの商品 a, d, f は発注点法での在庫管理を提案する．

さて，ここで紹介したパレート分析の手法を特に **ABC 分析**とよぶことがあります．ABC 分析の手法は多くの物を貢献度より大雑把に分類する時に有効な手法です．在庫管理法の選択ばかりでなく売れ筋商品の把握など様々な場面でも応用が可能です．

3.4 まとめ

ここでは，2 章での在庫関連費用を最小にする在庫の管理方法を基に，不確実な状況や実際にデータに触れる場合のアイディアに関して紹介しました．実際の在庫管理は設定がより複雑であり，ここで採り上げた単純な捉えかたでは物足りず，さらに多くの工夫が OR の分野でなされています．ここで紹介した基本的な手法は古典的ともいえるかもしれません．しかしこの単純な枠組みでのアイディアから，**かんばん方式（JIT）**，**サプライチェーンマネージメント（SCM）**，**資材所要量計画（MRP）**といったより広い生産管理の強力なアイディアにつながっていったのです．まずは，基本の部分を味わっておくのは重要でしょう．

さらに学ぶために

■ データの扱い方や統計についてもう少し詳しく知りたい人向け
　長谷川克也『確率・統計の仕組みがわかる本』技術評論社（2000）
　和達三樹・十河清『キーポイント　確率・統計』岩波書店（1993）
■ サプライチェーンマネジメント（SCM）やロジスティクスといった流通全体でオペレーションズ・リサーチがどのように活用されているかを知りたい人向け

久保幹雄『実務家のためのサプライ・チェイン最適化入門』朝倉書店（2004）

久保幹雄『ロジスティクス工学』朝倉書店（2001）

演習問題

3.1 （定期発注法での発注量の修正方法）

工場である液体を消費しています．この液体は毎月1日に発注する定期発注法で在庫管理がなされています．今日が今月の発注日です．以下の情報を基に今回の適切な発注量を求めよ．

- 液体を業者に発注すると，発注した全量が40日後に納入される．
- この液体は1日の消費量は平均5トン，標準偏差3トンの正規分布に従う．
- 液体の現在の在庫量は60トンで，発注残が190トンある．
- 今日から今日発注分の納入日までに在庫切れは発生しない（発生時は先取りで即納入）とする．
- 品切れ率は5％以内とする．

（この演習3.1は例題2.3での消費量が変動する場合の設定になっています．）

第4章 仕事をスマートに実行する
日程計画

　同じ仕事をするにも，なかなかスムーズに片付かない人がいる一方で，短時間で終了する人もいます．そんな人は「段取りが良い」や「手際がよい」などとよばれますが，まさしく仕事は手順が鍵です．多くの仕事はいくつかの小さな作業の集まりで，各作業の間には，「この作業が終わらないとできない」や「この作業をしながらこちらの作業もできる」など相互に関係があり，それらを把握しながらひとつずつ作業を進めていくことが多いからです．作業数も少なく，相互関係も単純なら，作業全体の把握は簡単です．しかし，作業数が多く関係も複雑となると，把握すら煩雑で，さらにそれらを段取り良く実行するのは大変なことです．そんなときに有効になる仕事を段取り良く実行する手法をここでは紹介していきましょう．

4.1 プロジェクトとスケジューリング

　アイスクリームもおいしいですが，炎天下ではアイスキャンディもお勧めです．ところで，その作り方をご存知ですか？　簡単に紹介しましょう．

　アイスキャンディ作りには「混ぜる」と「冷やす」の動作が基本になるようです．この基本動作を**作業**とよぶことにしましょう．アイスキャンディを作る

といったある目的を達するための作業の集まりを**プロジェクト**と名付け，プロジェクトに必要な作業の情報をまとめたリストを**作業リスト**とよびます．

作業リストには，作業名や作業に要する時間などがプロジェクト内容に応じて列挙されます．その中でも，「冷やす」作業は，「混ぜる」作業の後に行わなくてはならないといった作業間の順序性は重要な情報です．作業順序が逆ではアイスキャンディができませんからね．このとき，「混ぜる」作業は，「冷やす」作業の**先行作業**，逆に，「冷やす」作業は「混ぜる」作業の**後続作業**とよびます．

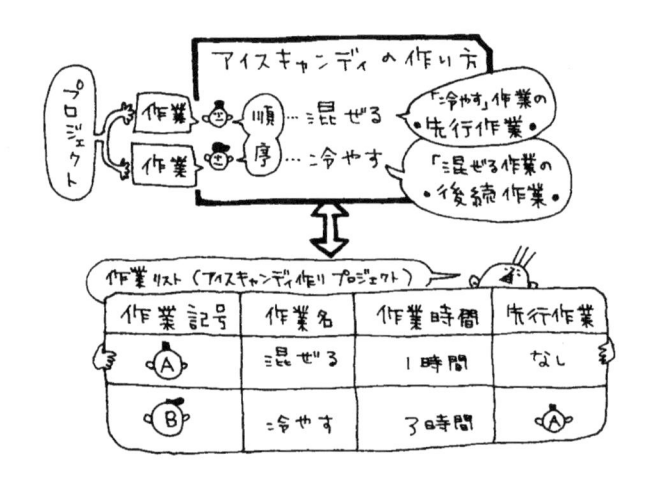

さて，アイスキャンディを作る人には，「混ぜる」作業を実行する時刻に関する情報が必要です．プロジェクトの各作業の作業時刻を定めたプランを**スケジュール**といい，それを作成することを**スケジューリング**とよびます．次の表はスケジュールのひとつの例です．

表 4.1 スケジュールの例

「A. 混ぜる」作業後に「B. 冷やす」作業をしているので，アイスキャンディができるスケジュールになっています．スケジュールは図 4.1 のように横軸を時間とし，スケジュールを作業ごとに棒グラフのように描くとより見やすくなります．この図を**ガントチャート**とよびます．

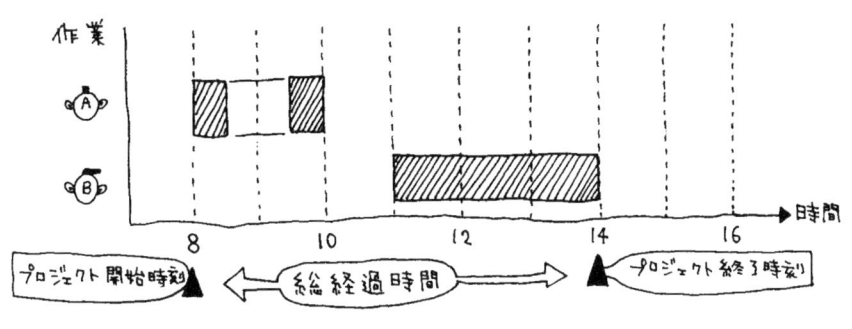

図 4.1　ガントチャート

ガントチャートを見ると，プロジェクトがいつ始まり，いつ終わるのかもわかります．これらを各々**プロジェクト開始時刻**，**プロジェクト終了時刻**と，またその差を**総経過時間**とよびます．

スケジュールの良し悪しを評価する尺度は様々考えられます．その中でも，プロジェクトに費やす時間が長いと費用がかさむことが多いので，総経過時間をなるべく短くするスケジュール作りを望まれることが多いようです．ここでも，それを目指すことにしましょう．図 4.2 のガントチャートで表現しているスケジュールの総経過時間は 4 時間で，図 4.1 で示したスケジュールより短く，良いと評価できるでしょう．

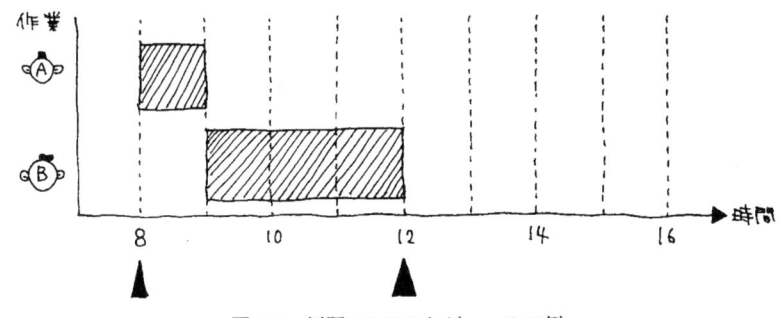

図 4.2　例題 4.1 のスケジュールの例

アイスキャンディ作りの例は単純なプロジェクトなので，図 4.2 で示したスケジュールが，総経過時間最短とすぐにわかります．しかし，ビルの建設，新製品開発，イベント開催などといった，作業数が多く，作業間の順序関係も複雑な場合は，最適なスケジュール作りは骨の折れる作業です．もしかすると，プロジェクトの作業リストを作ることすら困難かもしれません．ただ，ここでは，プロジェクトの作業リストは得られていると仮定して，その後のスケジューリングに話題を集中させたいと思います．作業リスト作成に関しては，次の小規模な例で気分を味わってください．

■例題 4.1
インスタントラーメンの作り方を読んで，5 つの作業の作業リストを作成してください．

- 丼準備（A：3 分）
- 湯沸かし（B：4 分）
- スープ作り（C：1 分）
- 麺ゆで（D：3 分）
- 盛り付け（E：2 分）

（作業記号：所要時間）

インスタントラーメンの作り方
スープは丼に粉末を入れ熱湯で溶かす．麺を熱湯でゆでる．ゆでた麺を丼に準備したスープに入れ，盛り付けてでき上がり！

（解説）作業リストは，作業をリストアップし，必要な情報を作業ごとに見つけることで作成できます．何を作業と捉えるかは検討を要する点ですが，ここでは 5 つの作業とその作業時間が既にリストアップされているので，各作業の先行作業を個別に考え，表 4.2 の作業リストが得られます

【例題 4.1 の解答例】

表 4.2　例題 4.1 の作業リスト

作業記号	作業名	所要時間	先行作業
A	丼準備	3 分	なし
B	湯沸かし	4 分	なし
C	スープ作り	1 分	A, B
D	麺ゆで	3 分	B
E	盛り付け	2 分	C, D

4.2 プロジェクトを絵で描く

例題 4.1 でのプロジェクトの適当なスケジュールをつくり，図 4.3 のガントチャートで示してみました．

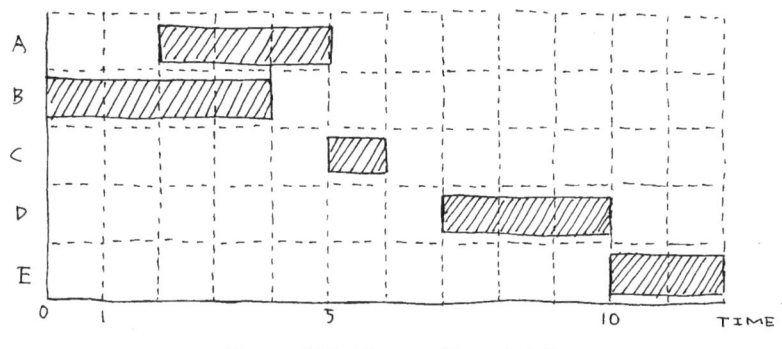

図 4.3　例題 4.1 のスケジュールの例

作業毎の開始・終了時点や全体の動きがカレンダーのように視覚的に把握でき，理解しやすい図です．しかし，このスケジュールが作業の順序関係を満たしているかは読み取れません．つまり，既にできたスケジュールを示すには，ガントチャートが有効ですが，スケジュール作りには不便そうです．そこで，ここではスケジューリングに便利な表現を考えていきましょう．

|視覚化の工夫 1|　順序関係を描きこむ

ガントチャートに順序関係を矢点線で書き込み，順序関係を視覚化してみます．ただ，そのままでは見た目が煩雑になるので，作業と先行関係が明確になるよう，矢点線を強調し，作業を控えめに書き直してみます（図 4.4）．これを**フロー・ダイアグラム**とよびます．

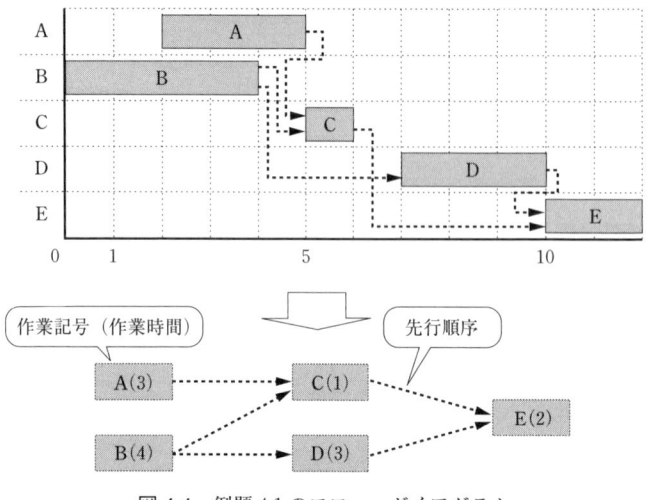

図 4.4　例題 4.1 のフロー・ダイアグラム

視覚化の工夫 2　作業の始まりと終わりを描く

フロー・ダイアグラムでは作業間の順序関係がわかります．しかし，少し抽象化しすぎたのか，各作業の開始・終了の時点が見づらくなってしまいました．そこで，フロー・ダイアグラムの各作業の開始・終了時点を丸（○）で，作業を矢実線（→）で描き換える工夫をしてみます．

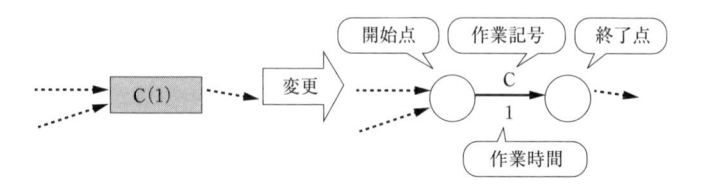

変更後の図で，丸（○）を**点**とよび，作業の開始を示す点を**開始点**，終了を示す点を**終了点**とよぶことにします．

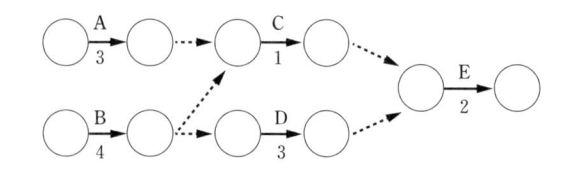

この図に，プロジェクトの開始と終了を明確にするための点を各々加え，プロジェクトの開始点からは先行作業の無い作業の開始点に，プロジェクトの終了点へは後続作業の無い作業の終了点から矢破線を描き加えると，図4.5が得られます．このような図を，**アロー・ダイアグラム**とよびます．

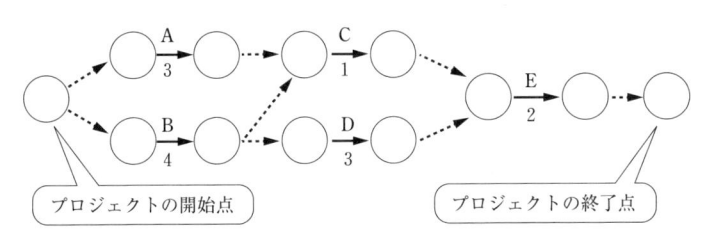

図 4.5 例題 4.1 のアロー・ダイアグラム（の原型）

アロー・ダイアグラムは，プロジェクト内の作業の前後関係も，各作業の開始と終了も明確になっています．ここで，作業間の前後関係を示す矢破線は**ダミー作業**とよばれ，作業時間 0 の作業と見なします．

視覚化の工夫 3 　単純化

アロー・ダイアグラムにおいてダミー作業は，実際の作業の順序関係を示す役割を持つだけです．順序関係に影響しない範囲で省略できるならしたほうが良いでしょう．例えば，次の図のように実際の作業とダミー作業が直列に繋がっているとき，ダミー作業は冗長です．単純化しましょう．

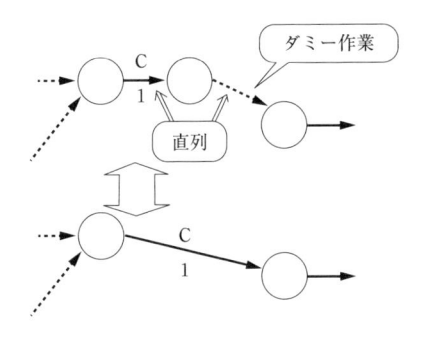

他にも，次のように同じ先行作業群を持つ場合もダミー作業は冗長です．

第 4 章　仕事をスマートに実行する —— 51

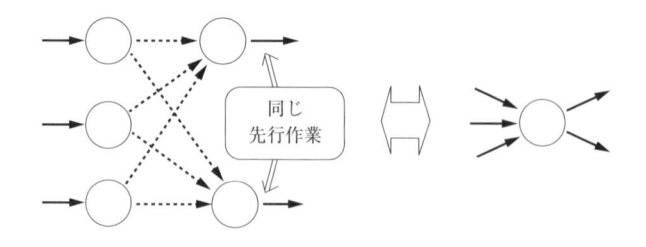

ただし，ダミー作業を省略できる場合でも，省略すると矢線が並列になってしまう場合は例外として残します．

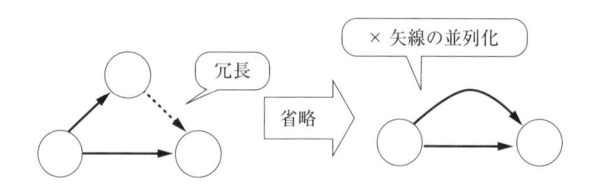

冗長なダミー作業を的確に発見し省略する作業は多少骨が折れます．冗長なだけで，残っていても悪さをするわけではありません．できる限り省略する程度でよいでしょう．例題のアロー・ダイアグラムから冗長なダミー作業をすべて省略すると次のようにコンパクトに表現できます．残ったダミー作業にも作業名（d_1）と作業時間 0 を付け加えましょう．

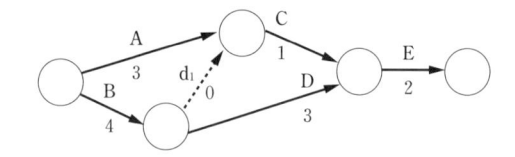

| 視覚化の工夫 4 | 番号付け |

単純化後に，次のスケジューリング作業のために**トポロジカル順**とよばれる順序で点に番号付けを行います．その順序は，先行作業が無いプロジェクト開始点を 1 番とし，その後は，番号付けされた点から出ている矢線を除いた状態で先行作業の無い点に番号を振るという繰り返しで得られます．途中で先行作業の無い点が複数出てくるときは，どれを先に番号付けしてもかまいません．

以上の手順で，作業リストはアロー・ダイアグラムで図示されます．

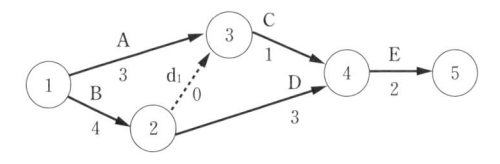

図 4.6　例題 4.1 でのプロジェクトを表現するアロー・ダイアグラム

4.3　スケジューリングに役立つ数値を導く

　一般論ですが，何かを決めるときはその特徴を示す数値（特性値）だけでも役に立ちます．例えば，ある教室に椅子を準備するとき，クラス全員の身長を知らなくても，身長の最高，最低，平均といった特徴的な数値のみでもある程度の準備が可能です．スケジューリングでも同じで，プロジェクトや各作業の特性値を把握していると，スケジューリングの作業がしやすくなります．そこでここでは，その特性値を見出す方法を考えます．

　まずは，スケジューリングの役に立つ代表的な特性値を 3 つ紹介しましょう．

- **作業の最早開始日**：作業を開始できる最も早い日
- **プロジェクトの最早完了日**：全作業が完了する最早日
- **作業の最遅開始日**：プロジェクトの最早完了日を遅らせない範囲で，作業を最も遅く始めることができる日

　作業の最早開始日は，可能な限り早く作業を始めたい「せっかちタイプ」の特性値で，一方，作業の最遅開始日は，迷惑をかけない範囲で締切日ぎりぎりで作業をしたい「のんびりタイプ」の特性値といえるでしょう．どちらも極端な情報ですが，各作業の開始日は，この極端な 2 つの数値の間で決めることになり，スケジューリングに有益な情報になっています．

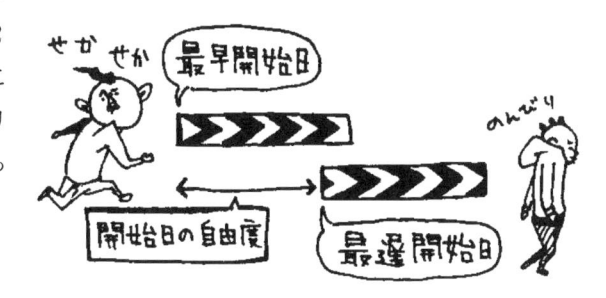

次にこれらの特性値をアロー・ダイアグラム上で導く **PERT**（パートとよむ，Program Evaluation and Review Technique の略）とよばれる方法を紹介しましょう．この方法では，各作業の特性値を直接には求めず，まずはアロー・ダイアグラム上で準備作業をして，そこで得た情報を元に特性値を導きます．

4.3.1 特性値を導く準備

プロジェクトのアロー・ダイアグラムを用い特性値を導くための準備を行いましょう．ここでは，例題 4.1 でのアロー・ダイアグラムで，単位を「日」とし使用します．

|①各点での最早開始日|

初めに，各点の近くに下の図のように 2 つの四角を用意します．左側には，その点から始まる作業が最も早く開始できる日（**点の最早開始日**）を，右側には，プロジェクトが最早で完了するときにその点から始まる作業を最も遅く開始できる日（**点の最遅開始日**）を書き込むことにします．本当に欲しい特性値は作̇業̇の̇最早（最遅）開始日です．違いに注意してください．

このプロジェクトの開始日は「1 日」と仮定します．この仮定より，プロジェクト開始点での最早開始日は「1 日目」です．数字「1」を点 1 の左四角に記入します．

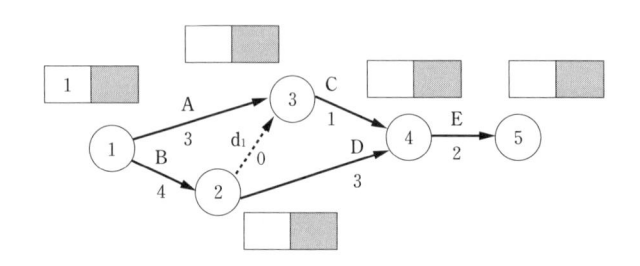

続けて，トポロジカル順に各点の最早開始日を見つけていきます．ある点から開始する作業は，その点で終了する全作業の終了後にしか開始できません．例えば，点 2 から開始する作業は，点 2 で終了する作業 B（最早開始日 1 日目＋作業日数 4 日間）の終了後となる「5 日目」でないと作業を開始できません．同様に，点 3 から開始する作業は，作業 A（最早開始日 1 日目＋作業日数 3 日

間）とダミー作業1（最早開始日5日目＋作業日数0日間）の両方の終了後の開始になりますが，1＋3＝4（日目）と5＋0＝5（日目）を比較し終了日の遅いほうに影響され，最早開始日は「5日目」となります．以上の作業をトポロジカル順に実施すると次のように数値が得られます．

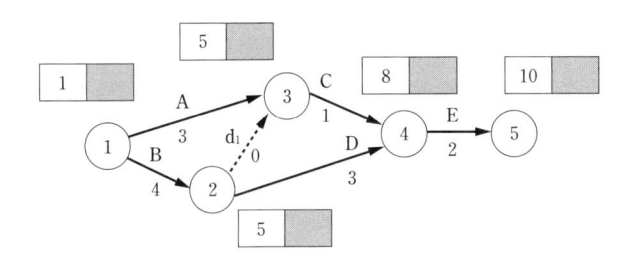

②プロジェクトの最早完了日

ところで，このプロジェクトの終了点（点5）の最早開始日は「10日目」とあり，点5から始まる作業は10日目に最早で開始可能です．ただし，点5はプロジェクト終了点なので始まる作業はありません．つまり，10日目の前日である「9日目」にこのプロジェクトのすべての作業は終了可能です．よって，プロジェクトの最早完了日は9日目とわかります．一般的には以下のようにまとめることができるでしょう．

　　　（プロジェクトの最早完了日）＝（プロジェクト終了点の最早開始日）－1

③各点の最遅開始日

最後に，各点の最遅開始日，つまりプロジェクトは最早で完了する前提で，各点から開始する作業の少なくともひとつを開始すべき最も遅い日を導きましょう．まず前提より，プロジェクト終了点の最遅開始日は，最早開始日と同じです．点5の右側の四角に「10」と記入しておきます．

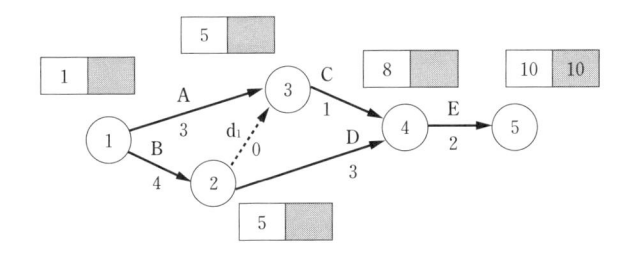

次に，トポロジカル順の逆順で最遅開始日を見つけていきます．点4からは作業E（作業2日）が始まりますが，作業Eの後続作業（点5から始まる作業）は10日目には作業開始が必要なので，その2日前の8日目には作業Eを開始しておく必要があります．よって，点4の最遅作業開始日は「8日目」です．同様に，点3の最遅開始日は7（日目）となり，点2からは2つの作業が出ているので，各々の数値を比較し，より小さい5（日目）が最遅開始日です．まとめて記入すると下の図になります．

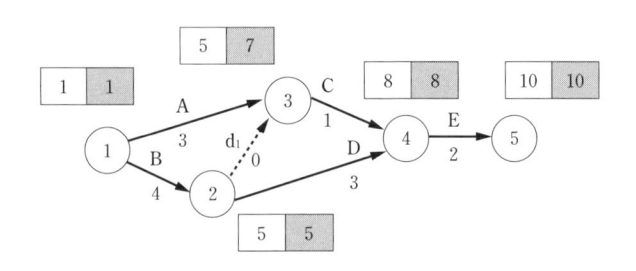

プロジェクト開始点の最遅開始日は必ず「1（日目）」になります．そうでないと，その分プロジェクト完了を早めることができ，最早完了との前提が崩れてしまうからです．以上で作業の特性値を導くための準備は終了です．

4.3.2　作業日程の特性値

ここでは作業の特性値を導出してみます．次の図は，準備作業で得た作業Aに関係する情報を抜き出したものです．

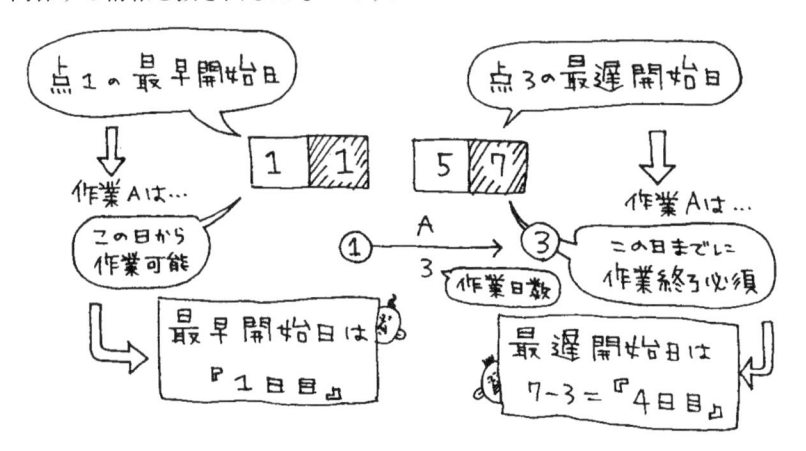

作業Aは点1で開始する作業で，点1の最早開始日は1日目です．よって，作業Aの最早開始日も「1日目」となります．一方，作業Aの終了点は点3ですが，点3の最遅開始日は「7日目」ですので，点3で終了する作業は「7日目」の前までに作業を終了させておけば十分ということになります．作業Aの作業日数は3日間なので，「7日目」の「3日前」となる4日目が作業Aの最遅開始日となります．この例からわかるように，作業の特性値は，次のように計算できます．

　　（作業の最早開始日）＝（作業の開始点の最早開始日）

　　（作業の最遅開始日）＝（作業終了点の最遅開始日）−（作業日数）

　すべての作業の特性値を計算しまとめたものが表4.3です．この表を**PERT計算表**とよぶこともあります．表中最下行の**余裕日数**とは，各作業の最遅開始日と最早開始日の差です．作業Aは，作業の開始を1日目から4日目までの4日間の中で決めることができ，途中で休みを入れることも可能で余裕があります．一方，作業Bはプロジェクトを最早で完了するには1日目に開始し，休み無しで作業をしなくてはならず，余裕はない作業であることが読み取れます．この余裕日数から得られる重要な情報については次で解説しましょう．

表4.3　例題4.1のプロジェクトに対するPERT計算表

作業名	A	B	d_1	C	D	E
開始点	①	①	②	③	②	④
開始点の最早開始日	1	1	5	5	5	8
⇒作業の最早開始日	1	1	5	5	5	8
終了点	③	②	③	④	④	⑤
終了点の最遅開始日	7	5	7	8	8	10
作業日数	3	4	0	1	3	2
⇒作業の最遅開始日	4	1	7	7	5	8
余裕日数	3	0	2	2	0	0

4.3.3　クリティカルパス

　余裕日数が0の作業の作業日数がもし延びたりするとプロジェクト最早完了日が必ず遅れます．なぜなら，そうでないなら余裕があったはずだからです．そう考えると，プロジェクトの迅速な進行のためには，余裕日数が0の作業を遅らせないことが重要になります．

ところで，アロー・ダイアグラム上で余裕日数0の作業を示す枝を太く描いてみましょう．それらはプロジェクト開始点とプロジェクト終了点を結ぶ列を形成します．

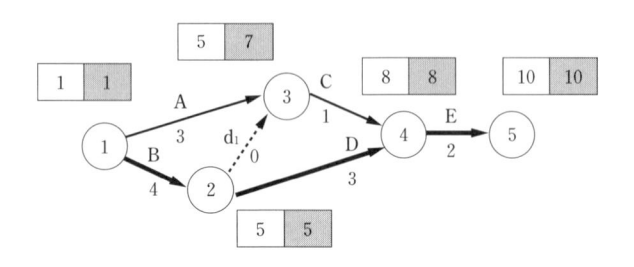

太矢線がクリティカルパス上の作業

この作業の列を，**クリティカルパス**とよびます．途中で枝分かれし，再び合流する場合もありますが，必ず繋がっています．もしこの列の一部が切れていたら，そこには余裕のある作業があるわけですから，その余裕の分さらにプロジェクトを早く終わらせることが可能になるからです．それは，プロジェクトが最早で完了するとの前提に反してしまいます．

ちなみにクリティカル（critical）とは，「（生死を分けるような）危機的な」や「重大な」，「臨界的な」といった意味を持つ英語です．クリティカルパスを構成する作業こそがプロジェクト遂行の要であることを表現しています．

PERT の歴史

オペレーションズ・リサーチで扱う内容の多くは効率的に物事を進める方法を考えることですが，歴史をたどると軍事面での利用を想定し考えられた手法も多いようです．限られた軍事力で効率よく勝利に導きたいとの要望を持つ背景は容易に想像できます．実は，ここで取り上げた PERT もそのひとつで，1958 年にアメリカ海軍で，潜水艦発射弾道ミサイルの初期型である「ポラリス」を迅速に開発するために考えられた手法です．

この PERT とは別に，民間会社のデュポン社でも新工場建設の計画とその進捗状況の管理のために CPM（Critical Path Method）とよばれるスケジューリングの手法

が開発されました．似た手法同士なのですが，CPMでは工事費用を追加することで工期をある程度短縮できることを想定している点が大きく異なります．このコストの考慮部分の追加により，コストと工期の両方を眺めてのスケジュール管理が可能になっています．

今も昔も，コストを気にするのは民間が強いようですね．

4.4 スケジュールを作ってみよう

作業に関する特性値が収集できたので，これらを基に実際にスケジュールを組み立てて見ましょう．

スケジューリングは2段階で行います．まずは，クリティカルパス上の作業には日程を選択する自由度はありませんのでそのまま決定します．次に，残りの作業の日程を決定していきます．図4.7のガントチャートでは，クリティカルパス上の作業日程（固定）を黒塗りで示し，それ以外の作業は点線の枠で自由度の範囲を示しました．

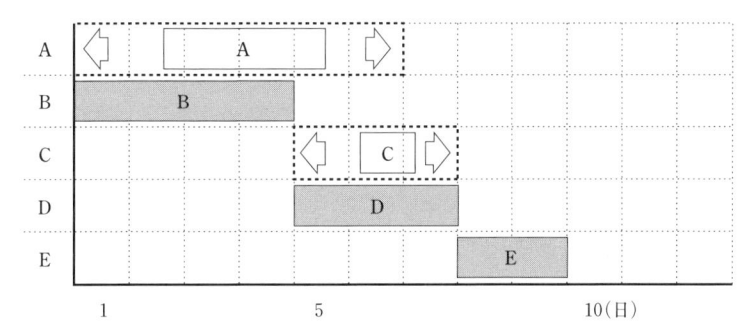

図 **4.7** スケジューリングに自由度のない作業（灰色）とある作業（点線枠）

自由度の範囲で先行順序を壊さないように，余裕のある作業の日程を決めていきます．この自由度の中でどのように決めるのが良いかの基準は一般的に存在しません．個々の事情を考えながら決定していけばよいでしょう．例えば，すべての作業を可能なら最遅開始日より1日早めに開始する姿勢でスケジューリングを行えば，図4.8のようなスケジュールができます．

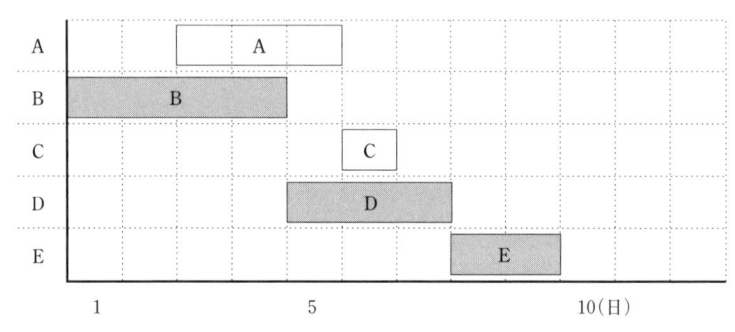

図 **4.8** 例題4.1のスケジュールの例

4.5　スケジュールの進捗管理

ここまでプロジェクトをアロー・ダイアグラムにて表現し，様々な特性値を導出し，それらを利用し日程を決定していくプロセスを紹介してきました．このプロセスで中核になる道具がPERTでしたが，実はPERTにはもう一つ重要な使い方があります．それは，プロジェクトの進捗管理に用いるという面です．

プロジェクトは進み始めると，予定通り進む作業もある一方，予定通りには進まないものあります．日程を緻密に計画してもプロジェクト開始後に変更があるのは避けられません．そのような変化が生じた場合，その変化がプロジェクトの進行にどのように影響があり，他の作業の日程変更が必要かなどの判断が迅速に迫られます．その際に，アロー・ダイアグラムでプロジェクトを表現し，作業の特性値を保持しているPERTの手法なら，視覚的にも，数値的にも，変化に迅速に対応できます．つまり，プロジェクトの進行管理にも適している道具なのです．

日程の再編が必要な状況になった場合，素朴な方法としては，PERTの手法をその時点で終わっていない作業に適用することで簡単に再スケジューリングができます．PERTには計画と管理の2つの顔があるのです．

4.6　まとめ

　ここではプロジェクトの作業間に先行順序がある場合のスケジューリングの方法を紹介してきました．その核になっている手法がPERTです．比較的単純な設定でのスケジューリングでしたら，迅速に計画を策定でき，確実に管理もできる優れた手法です．最近では，PERTを実装するソフトウェアも一般的に売り出されており（たとえば，マイクロソフト社の「Project」等），手軽に利用できる環境も整ってきました．PERTの仕組みを知って利用すると，それらのソフトをより有効に使いこなすことができると思います．情報技術(IT)が解析的に利用可能となってきた今の時代こそ，理論的な技術の背景を一通り知っておくことが重要なのかもしれません．

　ところで，現実の社会で要求されている日程計画では，ここで扱った設定の上に，人員管理や機材運用など，スケジューリングに関連してくる様々な要素を絡めて考える状況が増えているようです．例えば，日本のある航空会社では，運行便のスケジューリングと，飛行機やパイロット・フライトアテンダントといったスタッフの効率的な運用計画も同時に作成していくことにより年間数十億円の経費削減を達成しているそうです．そのような複雑な問題に関しても，オペレーションズ・リサーチでは多くの攻略アイディアを提供し続けています．また，オペレーションズ・リサーチの枠組みからスケジューリングの話題のみ特化させ，集中的に議論する学会や研究会も数多く生まれてきています．具体的なスケジューリングに興味がでてきた場合は，そのような専門の研究活動を調べてみるのも面白いでしょう．

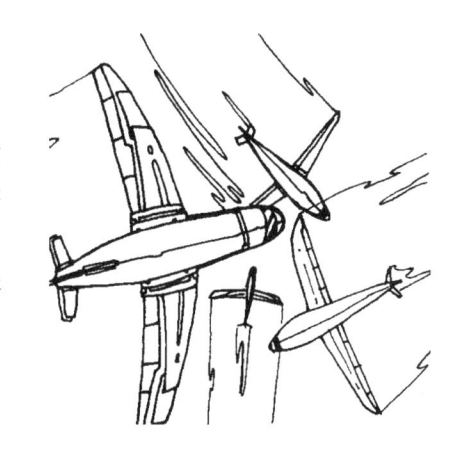

さらに学ぶために

- PERT をもっと知りたい人向け
  柳沢滋『PERT のはなし』日科技連（1985）
- さまざまなスケジューリングの数理的な背景をさらに学びたい人向け
  圓川隆夫・伊藤謙治『生産マネジメントの手法』朝倉書店（1996）
  久保幹雄・田村明久・松井知己編『応用数理計画ハンドブック』第 20 章 スケジューリング　朝倉書店（2002）

演習問題

4.1（アロー・ダイアグラム作成の練習）
  (1) 次の作業リストのアロー・ダイアグラムを描こう．
  (2) クリティカルパスを求めよう．

演習 4.1 の作業リスト

作業	A	B	C	D	E	F	G	H	I	J	K	L	M
先行作業			A	A	B	D	C,D	G	E,G	F,H	F	I,J	K,L
日数	8	10	12	9	13	13	7	5	6	4	11	9	3

4.2（費用を考慮した場合のスケジューリング）
  あるプロジェクトの作業リストが下のように与えられています．各作業は追加費用により作業日数を 1 日短縮できます．プロジェクトの最早完了日数を最も安く 1 日短縮するには，どの作業に追加費用を払うべきでしょうか？

演習 4.2 の作業リスト

作業名	作業日数	先行作業	追加費用
A	1	なし	20 万円
B	4	なし	45 万円
C	1	A	60 万円
D	2	A	15 万円
E	4	B, C	40 万円
F	5	D, E	50 万円
G	3	E	30 万円

第5章 | 問題を真似て解決する
シミュレーション

　ゲームセンターに行くとフライトシミュレータとよばれる飛行機の操縦を模型で楽しむゲームを見かけます．本物の飛行機のコックピットに座ることすら多くの人にとって不可能なのに，ゲームでは気軽に飛行機を離着陸させ，好きな空を飛び回り，時には墜落させることも体験可能です．もしフライトシミュレータがなかったら，飛行機操縦を楽しむには本物の飛行機（ジャンボジェット機は一機あたり約200億円〜300億円程度，小型のビジネスジェットでも約40億円程度と言われています）を使用するほかなく，お金も命もいくらあっても足りない遊びになってしまいます．このように，本物ではなく，その模型や擬似的な仕組みを利用することにより，時間・費用・リスクなどの負の側面を減らし，必要なものだけ得る方法をシミュレーション（模擬実験）とよびます．ここでは，このシミュレーションを積極的に利用することで問題の解決案を見つけていく手法を紹介しましょう．

　海辺のアイス屋さんでは手軽に食べられるミニアイスがこの夏も評判上々で毎日大忙しです．昨年は，清算時にお客さんを待たせアイスが溶けてしまうとの苦情があったので，今年は，ミニアイスを渡す前に自販機でチケットを買ってもらう方法に変更しました．ところが，このチケット自動販売機ではつり銭切れが何度も起き，逆に販売の障害になって困っています．次の例題に取り組んでみましょう．

■例題 5.1

ミニアイス 1 個は 70 円，一人 1 個限定で一日 500 個販売します．自販機では百円玉と十円玉しか利用できません．開店前につり銭用の十円玉を何枚準備するのが適当でしょうか．なお，お客さん同士で両替や購入順の並び替えはしないと約束します．

さて，自販機のつり銭が切れていても，多くの場合は並んでいる人の間で購入順を変えるか，両替可能な人を探すなどして何とかするでしょう．しかしここでは，設定の単純化のためにそのような行為を許していません．単純な設定で取り組んでみましょう．

この自販機では百円玉と十円玉しか使用できないので，70 円の支払い方法は以下の 2 通りです．

　　　［百円玉 1 枚］百円玉 1 枚で払い，十円玉 3 枚の釣り
　　　［十円玉 7 枚］十円玉 7 枚で払い，釣りなし

はじめに極端な場合を想像してみましょう．例えば，準備する十円玉が最多の場合は，客 500 人全員が［百円玉 1 枚］の支払いだった場合でしょう．準備すべき十円玉は，3 枚 × 500 人分 = 1500 枚となります．十円玉の厚みは 1 枚約 1.5 ミリなので，1500 枚を積み重ねると約 2.25 メートルです．開店前のつり銭準備は大変そうです．逆に，準備する十円玉の最小枚数は 0 枚です．この状況が起きるのは，必ずしも 500 人の客全員が［十円玉 7 枚］で払う場合とは限りません．だれか［十円玉 7 枚］で払って得た十円玉を，おつりに再利用できるからです．以上より，この例題の答えは，

【例題 5.1 の解答例】　十円玉を 0 枚～1500 枚の範囲で準備する．1500 枚準備すればつり銭切れは起きない．

といえます．ただ，大雑把な答えで役に立ちそうもありません．もう少し役に立つ答えを探してみましょう．

5.1　でたらめの再現

さて，例題 5.1 の問いに答える素朴な方法は，実際につり銭切れが起きる様子を観察することでしょう．例えば，はじめに準備した十円玉枚数が仮に 0 枚で，10 円玉が不足したした時は負の値で（例えば借金券の発行で）記録し，500 人の支払いによる十円玉枚数変化の様子を観察してみます．観察結果は，図 5.1 のような，横軸を時間経過，縦軸を十円玉枚数とし次のような折れ線グラフで描くことができるでしょう．

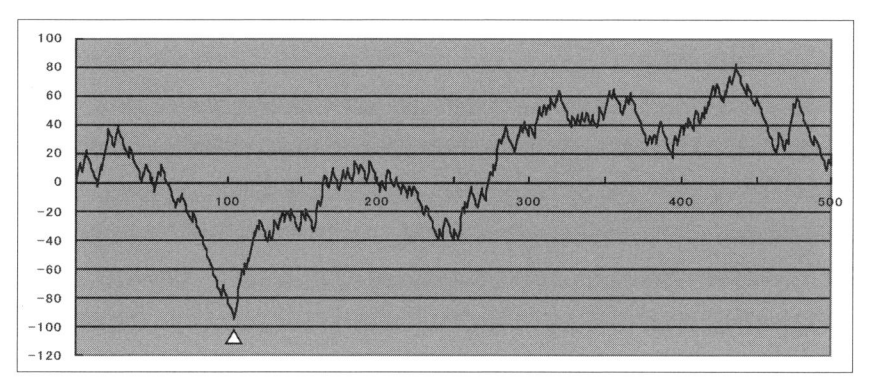

図 **5.1**　十円玉の枚数変化の様子

図 5.1 のグラフでは十円玉枚数が最も少なくなったのは，前半部分（△部分）で，「－96 枚」です．営業前に 96 枚の十円玉を準備しておけば，この日はつり銭切れが起きなかったはずです．この調子で，毎日つり銭切れの様子を観察しましょう．夏の期間で 60 日分程度のデータを収集できるでしょう．しかし，この方法は，時間がかかり，つり銭切れが起こる度にお客さんに迷惑をかけます．あまり良い方法とはいえないでしょう．

そこで代わりに，つり銭切れが起こる様子を模擬的に再現する仕組みを考えてみます．まず，つり銭切れの起こる様子を描いてみました．

図中の点線囲みは，自販機内で十円玉枚数の変化をみる部分です．はじめに用意する十円玉枚数は 0 枚とします．その後の枚数変化は，次のとおりです．

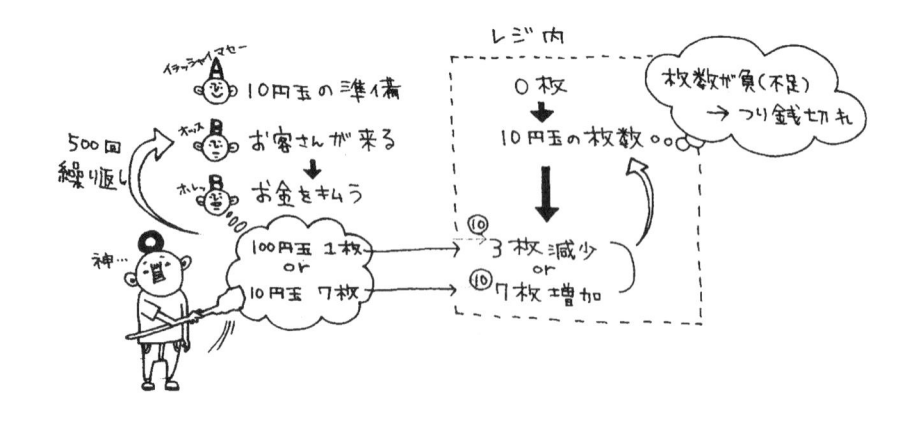

[百円玉1枚] ならその時点の枚数から3枚減る
　　　[十円玉7枚] ならその時点の枚数から7枚増える

　このお金の払い方を500回繰り返すことで，十円玉枚数の変化の様子を観察できます．ただ，支払い方が [百円玉1枚]，[十円玉7枚] のどちらになるのかをどのように再現するかが問題です．どちらで払うかはまったく情報がないので五分五分としましょう．大体半分の人は [百円玉1枚] で払うという意味です．気をつけたいのは，500人の支払い状況を後から集計したら，大体半分の人が [百円玉1枚] で払ったというだけで，[百円玉1枚] で払う客の出現はでたらめなのです．[百円玉1枚] で払った客が二人続くと次の客は [十円玉7枚] で払うといった傾向があるときはでたらめとはいいません．

　でたらめな状況はどのように再現すればよいでしょうか．でたらめといえば，「さいころの目」，「コインの表裏」などが思い浮かびます．この例題では二通りの場合を五分五分ででたらめに再現すればよいので，「コインの表裏」を利用してみます．コインを投げて表が出たら [百円玉1枚] で，裏が出たら [十円玉1枚] で払ったと約束しましょう．実際にコイン投げをして，支払い状況を再現し，十円玉枚数の変化を記録したのが次の表5.1です．

表 5.1 コイン投げによる支払の再現例

客	コイン結果	支払いパターン	十円玉枚数
			0 枚
1	表	［百円玉 1 枚］	− 3 枚
2	裏	［十円玉 7 枚］	4 枚
3	表	［百円玉 1 枚］	1 枚
4	表	［百円玉 1 枚］	− 2 枚
5	裏	［十円玉 7 枚］	5 枚
6	裏	［十円玉 7 枚］	12 枚
7	表	［百円玉 1 枚］	9 枚
8	表	［百円玉 1 枚］	6 枚
⋮	⋮	⋮	
499	裏	［十円玉 7 枚］	1063 枚
500	表	［百円玉 1 枚］	1060 枚

この実験結果を見ると，この日の10円コインの必要枚数で最も小さい数字が「−3」なので，営業前に3枚の10円コインを入れておけばつり銭切れは起きませんでした．ただ，この結果は偶然なので，何回か実験を繰返してから結論を考えたほうが安全そうです．その結果を眺めることで，必要な10円コインの枚数が大体わかってくるでしょう．実際に客を並ばせることなく，必要な枚数が何枚だったかをこの方法で得ることができます．このように，不確実な状況を「コイン投げ」のようなでたらめな動きをするもので置き換え，模擬的に再現し観察する手法を**シミュレーション**とよびます．

ところで，コイン投げ500回を行い，上の表を完成させるのには大体1時間かかりました．実際に客の様子を観察しこのデータを得ようとすると一日かかるので，それよりは短時間ですみました．しかし，再度500回のコイン投げをしなさいといわれたらちょっと遠慮したい気分です．そこで，もう少しスマートに短時間でシミュレーションを実行する方法を紹介しましょう．

5.2 乱数の利用

コイン投げで表と裏がでたらめに出ると思えるのは，
- 同程度の割合で出現する
- 出現に規則性がない

の2点を経験的に感じるからです．宝くじでも，さいころ投げでも同様です．そうなると，この2点が満たされているものならなんでもよいはずです．そこ

表 5.2　乱数の例

73	15	25	38	29	77	25	02	01	90
56	53	61	87	60	69	94	24	45	60
38	75	08	36	35	56	54	06	49	00
42	91	21	39	53	68	32	88	33	78
63	36	97	13	81	05	61	54	24	51
86	14	01	57	07	96	25	62	30	68
13	78	20	84	67	…				

で,「さいころ」や「コイン投げ」の代用品としてこれら2点を満たす表5.2のような0から9の数字の列を作ってみました.これを**乱数**とよびます.

　乱数の中で各数字が同程度の割合で出現するという点は,何個ずつ出現したかを数えることで大体確認することができるでしょう.ただ,規則性がないということを確認することは難しいかもしれません.この2点を数理的に確認するには統計学の「検定」という手法を用いる必要があります.ここでは,乱数が準備できているとして話を進めましょう.ところで,上の乱数の例では数字が二桁に区切られていますが,これは見やすくするためだけの意味で,何桁に区切るかは利用する人が決めます.

　乱数があれば,たとえば一桁ずつ数字を順に見て,
- 「0〜4」のときは,［百円玉×1枚］の支払い
- 「5〜9」のときは,［十円玉×7枚］の支払い

と対応させ,コイン投げ無しで五分五分の出現を再現できます.表5.3は,上

表 5.3　乱数による支払いの再現例

客	乱数	支払いパターン	十円玉枚数
			0 枚
1	7	［十円玉7枚］	7 枚
2	3	［百円玉1枚］	4 枚
3	1	［百円玉1枚］	1 枚
4	5	［十円玉7枚］	8 枚
5	2	［百円玉1枚］	5 枚
6	5	［十円玉7枚］	12 枚
7	3	［百円玉1枚］	9 枚
8	8	［十円玉7枚］	6 枚
⋮	⋮	⋮	⋮
499	6	［十円玉7枚］	213 枚
500	0	［百円玉1枚］	210 枚

の乱数を順に使用して支払いを再現させた様子です．

　実は乱数の利用では，コイン投げをしなくてもよい以上の利点があります．コイン投げでは，五分五分でしか二つの支払い方法を再現できないのですが，乱数ならより自由に出現割合を制御できるからです．たとえば，

- ［百円玉1枚］の支払いを27％
- ［十円玉7枚］の支払いを73％

に設定したいときは，乱数を順に二桁ずつ区切り

- 「00～26」のときは，［百円玉×1枚］の支払い
- 「27～99」のときは，［十円玉×7枚］の支払い

と対応させることで再現できます．この技を利用すれば，どのような割合でもほぼ再現可能です．

本物に近い乱数

　コンピュータに乱数を入力するのは面倒という場合は，使いたいときに乱数をコンピュータに発生させる必要があります．情報技術が進んだ時代なので乱数の発生は簡単にできそうですが，残念ながら真の乱数をコンピュータで作ることは困難です．なぜなら，コンピュータ上で何かを計算させるときはプログラムで命令を与える必要がありますが，その命令の手順（アルゴリズム）を知っていればどんな数字が並ぶか予測可能になるからです．これでは，規則性がないとはいいきれません．仕方が無いので，コンピュータ上で真の乱数を作ることはあきらめ，とても長い周期で規則性はあるが，とても長いので通常の利用では問題が無いという**擬似乱数**を発生させます．そうなると，より良い擬似乱数をどのように高速発生させるかが重要な課題になりますが，チャレンジが続いている課題です．

さて，この乱数をコンピュータ上で利用できれば，ますます高速に実験が可能になります．ここで紹介したような，乱数を利用して行うシミュレーションを特に**モンテカルロ法**とよぶことがあります．

5.3 コンピュータを利用したシミュレーション

ある程度信じることができる（擬似）乱数の利用で十分な場合は，表計算ソフトやプログラム言語に付属している（擬似）乱数発生の仕組みを利用し，シミュレーションをコンピュータ上で行うことが可能です．たとえば，表計算ソフトのひとつであるマイクロソフト社製のExcelというソフトでしたら，セルに「= rand ()」と書き込むことで，0以上1未満の乱数をひとつ発生してくれます（図 5.2）．

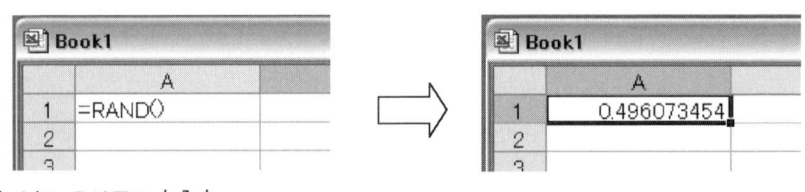

セルに =RAND() と入力　　　　セルに [0, 1) 乱数が表示

図 5.2　Excel 上で乱数を発生させたときの様子

この乱数発生の仕組みと，if 関数とよばれる「もしセルの値が指定条件を満たしていれば処理 A を，そうでなければ処理 B を行う」（書き方は，「= if（条件，処理 A，処理 B）」）という仕組みを組み合わせることで，前節で設計した 10 円玉の枚数変化のシミュレーションをコンピュータ上で実行できます．

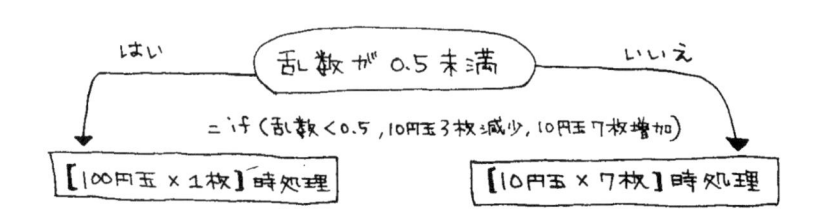

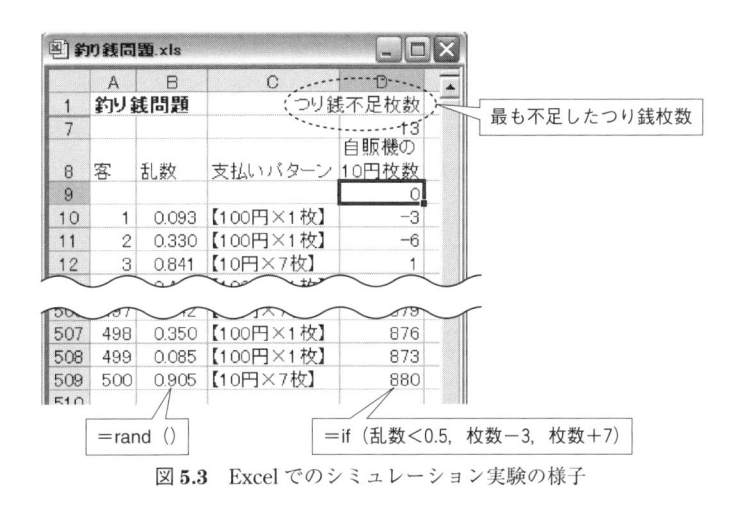

図 5.3　Excel でのシミュレーション実験の様子

図 5.4　十円玉の必要枚数の出現頻度

　図 5.3 はシミュレーション実験を Excel にて実行した例です．
　この実験を約一万回実行し，準備しておくべきだった十円玉枚数の出現頻度を集計したのが図 5.4 のグラフです．
　一万回の実験では，十円玉の最大必要枚数は 53 枚でした．よって，55 枚程度準備しておけば，まず釣銭切れは起こさないと思われます．ただ，一万回の実験中約 9,500 回（95%）の結果は 14 枚以内に集中しています．つまり，つり銭切れを 100 回中 5 回以内に押さえたいなら，毎朝 14 枚の十円玉を自販機に準備すれば十分であるということも言えそうです．たったの 14 枚だけ準備

第 5 章　問題を真似て解決する ——— 71

しておけば良いと言われると少ない気持ちもするかもしれませんが，実験が出した数値的な事実です．直感では推測できない提案が，シミュレーションを実行することで，ある程度的確に可能になることがわかってもらえたと思います．また，不確実な状況下でも説得力を持つ結果につながるでしょう．

ところで，実験をしていると十円玉不足を生じるのは開店後数十人の客の代金支払い時がほとんどであることに気付きました．500人の客で実験していましたが，100人の客の結果でも，おおよその結果は得られたのかもしれません．また，実験を一万回行いましたが，不足枚数の出現割合は千回程度以降ほとんど変わりませんでした．実験を数多く行えばより確度の高い結果につながるのですが，数多い実験は時間を消費しますのでそのトレードオフは難しいところです．この場合は一万回の実験回数で十分であったと推測できます．

さらに，[百円玉×1枚]での支払う客の割合を5割から6割に少し増やして同様の実験を行うと，全体の95%以内に収まる枚数は14枚から30枚に増えました．支払方法の出現確率が五分五分というのは単純な推測であり，支払方法の出現確率のわずかな変化で大きく結果が変わる様子を見ると「14枚準備で十分」という主張は少し危ういかもしれません．各支払方法がどの程度の割合で起きるのかを，実際の自販機の前で数日間観察し，その結果に基づいてシミュレーションを実行したほうがよさそうです．

5.4 まとめ

不確実な状況を擬似的に再現し，その結果を記録するということを何度も繰り返すことにより，適切な解決案につなげるシミュレーションでの問題へのアプローチ技術についてここでは紹介しました．

この実験による問題解決のアイディアは，古くから考えられていました．しかし，コンピュータの出現により数多く実験が可能になって，はじめて現実的な技術になったものです．いまでは，多くの仕組みを再現する基本的な技術として根付いています．特に，取り扱う対象が複雑で最適な状況を計算では求めにくいような場合，シミュレーションでよりよい状況を探すといった利用法は有効です．また，欲しい数値の平均や分散などは統計的な解析で求められることが多いですが，今回のように順序性や「もしこうだったら，こうなる」とい

った条件が入ってくると統計解析では難しいことが多く，シミュレーションで探ったほうが効率の良い場合があります．

最適化手法や，統計的な手法と共に，オペレーションズ・リサーチの有効な問題解決手法のひとつがシミュレーションです．それぞれをうまく使い分けることで，スマートな問題解決につながります．

さらに学ぶために

■ Excel を学びながらオペレーションズ・リサーチでのシミュレーションについてもっと詳しく知りたい人向け
 堀田敬介『えくせるであそぶ』創成社（2005）
 荒木勉・栗原和夫著『シミュレーション』実教出版（2000）
■ 擬似乱数についてより深く知りたい人向け
 伏見正則著『乱数』東京大学出版会（1989）

演習問題

5.1 (1) 例題 5.1 と同じ設定で，十円玉，百円玉以外に五十円玉も使用できる自販機に入れ替えました．ただし，おつりに使用できるのは十円玉だけとします．営業前に十円玉を何枚準備しておくのが適当か知るための適切なシミュレーション方法を提案しましょう．

(2) 上の(1)で設計したシミュレーション実験を表計算ソフトなどで実現してみましょう．営業前に十円玉を何枚準備しておくのが適当でしょうか．

第6章 「待つ」と「行列」を解決する
待ち行列理論

　大きなデパートのエレベータはなかなか来ないのでイライラします．人気アーティストのコンサートチケット予約の電話をしてもなかなかつながらずに焦ります．週末のデート資金を引き出しに行ってATMの前に長い列ができていたりするとげっそりします．このように，自分の欲しいサービスがすぐに受けられない状況，つまり「待つ」ことは不満の原因のひとつです．逆に，サービス提供側は客を「待たせない」ことが顧客の満足度向上につながります．では，待たせないためにはどのようにすればよいのでしょうか．素朴な答えは，サービス体制を十分充実させることでしょう．例えば，エレベータやATMを倍に増設するや，電話オペレータを500人増員するなど．どれも待たせる状況を改善するでしょう．ただし，それには費用がかかります．費用をあまりかけないで，適切なサービスを提供する方法をここでは考えてみましょう．

6.1　電話がかからない状況の観察

　ピザやお寿司からダイエット器具まで様々なものを電話一本で注文が可能です．「電話一本」とは言いますが，注文が多い人気店が文字通り一台の電話ですべての注文を受けていたら，電話がつながらない状況が多発し，顧客が逃げてしまうでしょう．現実には，複数の受付電話番号提示や，電話番号はひとつでも，電話回線や注文受付オペレータを複数配置し，電話がつながらない頻度を減らす工夫をしています．

　ところで，電話の相手が話中だった場合は，「プー，プー」との電子音が聞こえ，つながりません．この状態を，「着信拒否」とよぶことにします．着信拒否をされた場合は，そのまま電子音

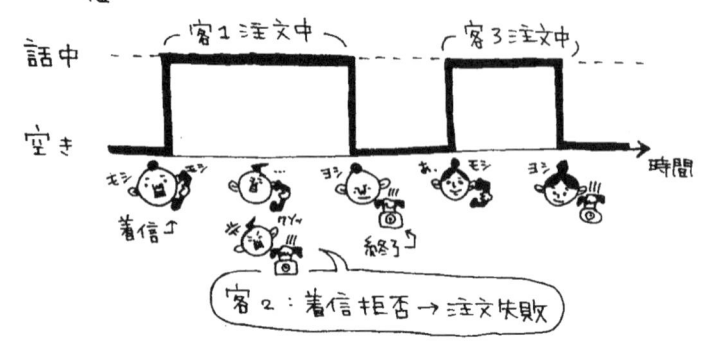

図 6.1 時間に沿った1本の電話回線の様子

を聞いていてもつながらず，掛け直すしかありません．キャッチホン機能や，「ただいま電話が大変混み合っています．しばらくこのままでお待ちください」とのアナウンスで何件かの着信を拒否しない機能が現実にはありますが，ここでは，そのような機能はないと考えてください．

図 6.1 は，時間に沿った電話回線の状態を表したものです．縦軸は回線の状態「空き」，「話中」を，横軸は時間軸を示しています．例えば，客1は電話がつながり，注文をし，通話を終了しています．一方，客2が電話を掛けた時点では，客1と「話中」だったので，着信拒否となり，注文ができずに消えてしまいました．その後，客3が電話を掛けたときは回線が「空き」で，注文できた様子を示しています．次の例題に取り組んでみてください．

■ **例題 6.1**
アイス屋さんでは，複数の受付電話番号を提示し電話による通信販売をはじめました．電話番号ひとつが1回線です．人気商品で注文は絶え間なく入り，大盛況です．ところが，一方では電話がつながらないとの苦情が増えています．そこで，現状を調べたところ以下のことがわかりました．
(ア)　注文の電話は1時間で平均 600 件かかってきているらしい
(イ)　1回の注文受付は平均2分で処理している
さて，着信拒否の割合をせめて3分の1以下にするには何回線（いくつの受付電話番号）を準備すれば十分でしょうか．

さて，回線を増設すると費用がかかり，利益が減ってしまいます．回線数はできる限り少ないほうがよいでしょう．では最低何回線必要かをここでは考えましょう．まずは，答え探しの前に2つの極端な状況を通じてもう少しこの例題の理解を進めましょう．

極端な状況（その1）：整然とした着信

注文は平均2分で処理されるので，1回線では1時間あたり30件の注文処理ができそうです．処理総数600件をこの処理能力30件で割れば必要な回線数が得られそうです．

$$\frac{\text{平均注文件数　600件/時間}}{\text{1回線の平均処理可能数　30件/時間}} = 20\text{回線}$$

よって，20回線が答えになりそうです．しかし，この考え方は間違いです．なぜなら，1時間に30件の処理が着信拒否無しで可能な状態は，ある注文受付作業を終えた直後に次の注文が着信するという繰り返しが図6.2のように起きたときだけだからです．

注文の電話はでたらめに着信するはずで，図6.2のように整然と着信するとの想定は不自然です．1回線が能力の限界である30件の注文を担当し，20回線で十分という計算には無理がありますね．

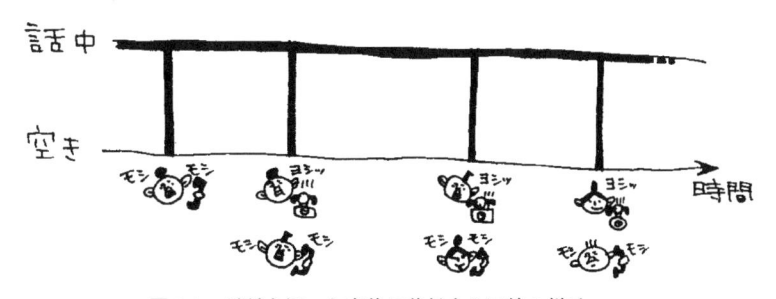

図 6.2　電話を切った直後に着信する回線の様子

極端な状況（その2）：十分な回線数

次に，着信拒否を起こさないためには回線何本で十分か考えてみましょう．1時間に平均600回の注文があるので，600回線で十分と考えるかもしれません．しかし，これは平均数（長い期間の数字を一様に均(なら)した数）であって，ある一瞬に600を超える注文が入る可能性がないとは言い切れません．そう考えると，600回線では不十分です．この考え方で進めると，何回線準備しても，それを上回る着信数がある可能性が残り，「着信拒否」の根絶は理論的には不可能だとわかります．つまり，着信拒否を起こさないための十分な回線数は，あえて言えば無限大が答えでしょうか．

「着信拒否」を無くすことは不可能なので，「着信拒否」が多少起こることは認めて，その割合を抑えたいと問題意識を変えるべきです．そうすることで，起こる確率がわずかな極端な状況に乱されることなく，本質的な議論に持ち込むことができます．例題6.1で，「着信拒否の割合を3分の1以下に抑えたい」という要望はこの観点に沿っています．

2つの極端な状況から，回線数は少なくとも20本必要で，何回線あっても十分とは言えないことはわかりました．これでは，あまりにも大雑把ですね．次節で適切な回線数を考えてみましょう．

6.2 着信拒否を一定割合以下に抑える方策

問題を単純に扱うために，例題6.1に取り組む前に，電話回線が1本しかない状況から考えましょう．ある時刻tに注文電話が掛かる，つまり回線が「空き」の状態である確率を$R(t)$と書くことにします．

$R(t)$ = 時刻tに回線が「空き」の確率

回線には，「話中」か「空き」の状態しかなく，全確率は1なので，時刻t

に「話中」である確率は，$1 - R(t)$ となります．

　　　時刻 t に回線が「話中」の確率 $= 1 - R(t)$

　その時刻 t からごくわずかな時間，Δ（「デルタ」と読む．ギリシャ文字です）だけ過ぎた時刻 $t + \Delta$ に回線が「空き」になる状況を考えていきたいと思います．

　　　時刻 $t + \Delta$ に回線が「空き」の確率 $= R(t + \Delta)$

　ところで，わずかな時間 Δ とは，次の性質を満たせば具体的には何秒でもかまいません．

わずかな時間 Δ が満たす性質
- 着信後 Δ 時間内では注文処理が終わらない
- Δ 時間内で 2 本以上着信しない

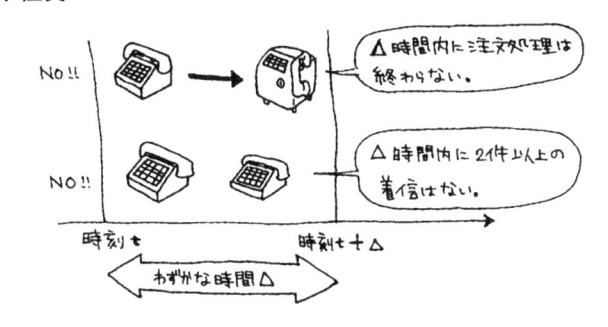

　さて，時刻 $t + \Delta$ に回線が「空き」だったとします．わずかな時間 Δ の間で，着信しその注文処理を終えて再び「空き」に戻る変化などが無いように Δ を設定したので，時刻 t から時刻 $t + \Delta$ までの状況変化には以下の 2 つのケースしかありえません．

ケース①：
　　時刻 t では「話中」
　　→ Δ 時間内に処理終了
ケース②：
　　時刻 t では「空き」
　　→ Δ 時間内に着信無し

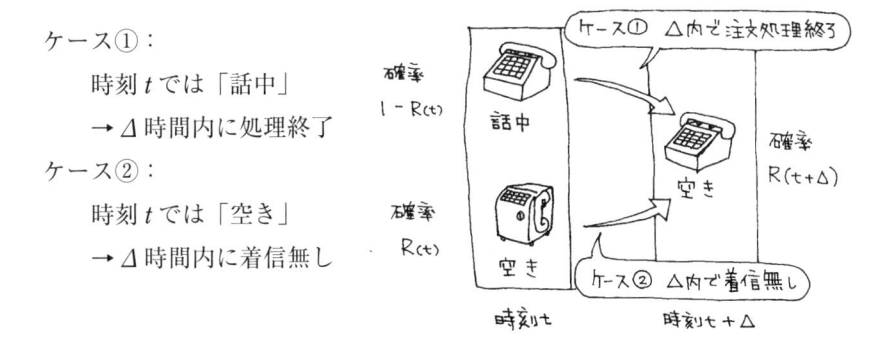

第 6 章　「待つ」と「行列」を解決する

そこで各々のケースが起きる確率を考えてみましょう．

ケース①：
　1時間に30件の処理能力がある場合と，その2倍の60件の処理能力がある場合では，わずかな時間 Δ 内で注文処理が終了する確率も2倍の差がでると考えられます．この処理能力に比例する性質から，Δ 内に注文処理が終了する確率は，1時間に処理できる件数に比例した形，つまり，

　　　　（Δ 内に注文処理が終わる確率）＝ 30Δ

と表現できるはずです．ところで，ある単位時間内に処理できる件数を**サービス率**とよび，μ（ミューと読む，ギリシャ文字）で示すことが多いようです．よって，このサービス率 μ を用い次の表現が可能です．

　　　　（ケース①の起きる確率）
　　　　　　＝（時刻 t で『話中』の確率）×（Δ 内に注文処理終了の確率）
　　　　　　＝ $(1 - R(t)) \times \mu\Delta$

　例題6.1では，$\mu = 30$（件）です．

ケース②：
　例題では1時間に600件の着信があります．このある単位時間内に着信する件数は**到着率**とよばれ，λ（ラムダと読む，ギリシャ文字）で示すことが多いようです．ケース①での考え方と同じで，わずかな時間 Δ 内に着信する確率は，到着率 λ に比例すると考えられるので，

　　　　（ケース②の起きる確率）
　　　　　　＝（時刻 t で空きの確率）×（Δ 内に着信無しの確率）
　　　　　　＝ $R(t) \times (1 - \lambda\Delta)$

と計算できます．例題6.1では，$\lambda = 600$（件）です．
　以上の2つのケースをまとめると，時刻 $t + \Delta$ で回線が空いている確率 $R(t + \Delta)$ は次のようになります．

時刻 $t+\Delta$ で回線が「空き」である確率 $R(t+\Delta)$
= (ケース①が起こる確率) + (ケース②が起こる確率)
= $(1-R(t)) \times \mu\Delta + R(t) \times (1-\lambda\Delta)$

さて，この関係式は次のように変形できます．単なる変形です．自分で確かめてみてください．

$$\frac{R(t+\Delta)-R(t)}{\Delta} = -\lambda R(t) + \mu(1-R(t))$$

この式で左辺に注目すると，わずかな時間 Δ の間で，回線の「空き」確率がどのように変化したかを示す「変化の割合」になっています．

ところで，わずかな時間 Δ 内に回線の「空き」確率はどのように変化するのでしょうか．もし，短時間での急な変化は想定できないとするなら，「空き」の起こりやすさは変化しないはずです．つまり，「空き」確率の変化の割合は 0 とおけ，

> **方程式**　　　$0 = -\lambda R(t) + \mu(1-R(t))$

が得られます．この方程式の解を求めてみると，

$$R(t) = \frac{\mu}{\lambda+\mu}$$

となります．さらに，時間に応じて回線の「空き」確率は変化しない状況を仮定したので，「時刻 t の……」の部分の情報を省略すると，1回線の「空き」確率 R は，

$$R = \frac{\mu}{\lambda+\mu}$$

です．ここまでで，例題 6.1 に取り組む準備ができました．

例題 6.1 の解説

回線数が 1 本の場合でここまで考えてきましたが，回線（電話番号）が s 本あり，客が s 本から勝手に選ぶ場合を考えてみましょう．回線が増えることで，サービス率は s 倍，つまり $s\mu$ になります．よって，回線の「空き」確率は，

$$R = \frac{s\mu}{\lambda + s\mu}$$

です．例題 6.1 では，$\lambda = 600$，$\mu = 30$ で，電話がつながる確率，つまり，「空き」確率 R を 2/3 以上にしたいので，上の式に当てはめると，次の不等式が得られます．

$$R = \frac{30s}{600 + 30s} \geq \frac{2}{3}$$

この不等式を変形すると，$s \geq 40$ と整理できます．つまり，40 回線以上あれば，2/3 以上の確率で回線が「空き」状態になります．よって，最も少ない 40 回線が答えになります．直感では，なかなか出てこない数字ですね．

【例題 6.1 の解答例】 40 回線準備する．

なお，例題 6.1 では受付電話番号を複数提示し客が選ぶ設定で，全体では空き回線があっても選んだ番号が通話中の時はつながりません．一方，受付電話番号がひとつで複数客を順に同時対応できる設定では，少し複雑な議論が必要ですが，より効率的になります．

最も長い行列 queueing

「待つ」場面で生じる行列に関する研究を「待ち行列理論」とよびます．様々な場面で「待つ」という現象は自然に生じるので，この「待つこと」を科学的に解明している待ち行列理論は様々な目立たないところで活躍しています．

ところで，日本語での「待ち行列」は，英語では queue（キュー：ラテン語の「しっぽ」が語源だそうです）が対応します．（ちなみに，米語では line です．）よって，英語では「待ち行列理論」は，queueing theory と表記します．queue に ing を付けるので，queue の最後の e は省略し，queuing と文法的にはすべきなのでしょうが，学問名としては e を省略しないようです．この省略しないおかげ（？）で，この単語は連続する母音（queueing と 5 つの母音が並ぶ）が最も長い単語のひとつとしても知られています．行列は，英単語でも長かったようです．

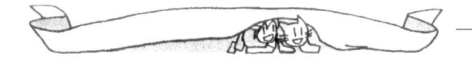

6.3 ATMやスーパーでの行列の長さ

前節で取り上げた電話注文では，回線が「話中」であったら着信拒否され，注文することができませんでした．つまり，サービスを受けるために「待つ」ことは許されていません．しかし，銀行の ATM やスーパーのレジでは並んで「待つ」ことが許されています．ここでは，待つことが許されている場合の行列の長さについて考えてみましょう．

銀行の ATM やスーパーのレジなどはすべてサービスを受ける窓口なので，総じて**窓口**とよぶことにします．サービスを受けに窓口に来る人を**客**とよび，客が誰もいなければ，窓口は「空き」で，一人以上並んでいれば，窓口は「サービス中」で，先頭の客がサービスを受けていることになります．これらの関係をまとめ，客の到着からサービスを受けて退出するまでの流れを**待ち行列系**とよびます．

●待ち行列系

待ち行列系で，サービス中の人も含めて，窓口に並んでいる人数を**行列の長さ**とします．前に到着した人がサービスを受けているときに到着した人は行列に並び，待つ必要があります．例えば，図 6.3 は，縦軸が行列の長さを，横軸が時間軸を示しています．図 6.3 中で，客 2 は客 1 のサービス中に到着したので待つ必要があり，行列の長さはその時点で 2 (人) になっていることがわかります．その後，客 1 が退出したことにより客 2 がサービス中となります．

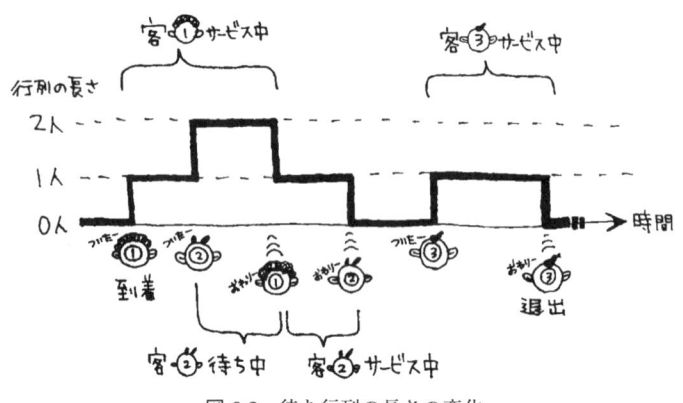

図 **6.3** 待ち行列の長さの変化

6.3.1 窓口の「空き」具合

前節と同様に，待ち行列系の様々な状態がどの程度の確率で起こるかを求め，その情報から行列の長さについて考察します．

まず，もし客の到着に対してサービスの提供が定常的に間に合わない場合は，つまり「到着率 $\lambda \geqq$ サービス率 μ」の場合は，行列の長さはどんどん長くなってしまいます．この場合は，行列の長さは無限に伸びるとしか言えません．根

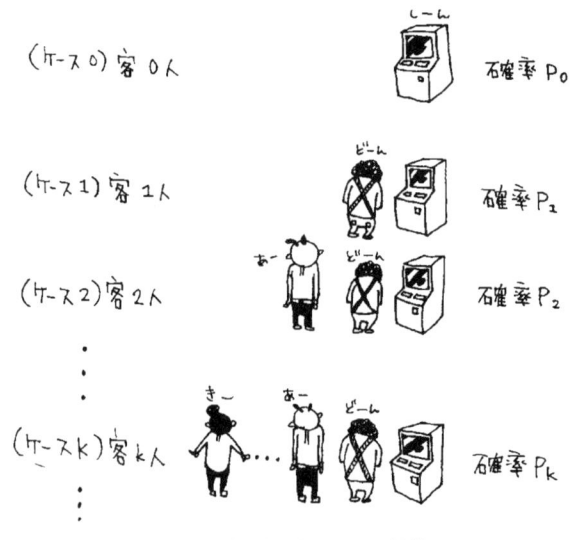

図 **6.4** 行列の長さによる状態

本的にサービス率を向上させる手段を考えるしかないでしょう．

次に，「到着率λ＜サービス率μ」の状況の場合を考えましょう．客の到着よりサービスの提供が多いので，行列はできないように思えます．しかし，これは客が都合よく到着すれば行列はできないというだけです．実際には，客はでたらめに到着するので，やはり行列はできます．その行列には，行列の長さに応じて図 6.4 のような複数の状態がありえるでしょう．

ここで，行列の長さがk（人）である状態が起きる確率をP_kという記号で表すことにします．たとえば，

　　　行列の長さが 0 人の確率 = P_0　⇔　窓口が「空き」の確率
　　　行列の長さが 1 人の確率 = P_1

となります．

これらの（ケース 0）から（ケース k）までの状態が，わずかな時間Δの間にどのように変化するかを前節同様に関係式で表してみます．わずかな時間Δの間に確率が大きく変化することは無いと仮定することで，途中の計算は省きますが前節と同じような過程で各確率は次のように求められます．

$$P_k = \left(\frac{\lambda}{\mu}\right)^k \left(1 - \frac{\lambda}{\mu}\right)$$

この式で$k = 0$とすると，行列の長さが 0（人）の確率P_0が，つまり，窓口が「空き」の確率が求まります．

　　　（窓口が「空き」の確率）　$P_0 = 1 - \dfrac{\lambda}{\mu}$

ところで，窓口が「空き」でない確率は，全確率が 1 なので，

　　　（窓口が「空き」でない確率）= 1 －（窓口が「空き」の確率）= $\dfrac{\lambda}{\mu}$

と得られます．窓口が「空き」でないとは，窓口が「稼動中」のことなので，到着率λをサービス率μで割った値は，窓口がどの程度稼動しているかを示す指標と解釈できます．そこで，この商をρ（ローと読むギリシャ文字）で置き換え，**稼働率**とよぶこともあります．

　　　窓口の稼働率　　$\rho = \dfrac{\lambda}{\mu}$

6.3.2 行列の長さの期待値

稼働率 ρ を利用することで，行列の長さが k（人）の確率 P_k を示す複雑な式を次のように見やすい形で表現できます．

$$行列の長さが k（人）である確率 \quad P_k = \rho^k(1-\rho)$$

ところで，行列の長さの期待値は，（行列の長さ）×（確率）の総和なので，実際に計算してみると次のように得られます．

$$
\begin{aligned}
(行列の長さの期待値) &= (行列の長さ 0 人) \times P_0 + (行列の長さ 1 人) \times P_1 \\
&\quad + \cdots + (行列の長さ k 人) \times P_k + \cdots \\
&= 0 \times (1-\rho) + 1 \times \rho(1-\rho) + \cdots + k \times \rho^k(1-\rho) + \cdots \\
&= \frac{\rho}{1-\rho}
\end{aligned}
$$

この式をグラフで描くと図6.5のようになります．稼働率が0.5のときは，つまり，到着率の2倍のサービス率を有する時は，行列の長さの期待値が1（人）で，待たずにすぐにサービスを受けられると期待できます．しかし，稼働率が0.8を越えるあたりから，行列の長さの期待値はずいぶん長くなるようです．

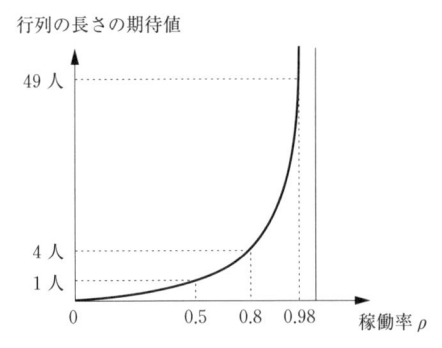

図 6.5 稼働率 ρ と行列の長さの期待値との関係

窓口がどの程度働いているか（稼働率 ρ）が行列の長さを決める要因とは当然な気もしますが，具体的にどの程度の稼働率で，行列の長さがどの程度になるかが算出できることは興味深いです．

なお，行列の長さではなく，並んでからサービスを終えるまでの平均時間は，次の式で得られることも知られています．

$$(行列に並んでからサービスを終えるまでの時間の期待値) = \frac{1}{\mu - \lambda}$$

時間も，到着率 λ とサービス率 μ で待ち時間が決定することがわかります．

ころころコラム

「待つ」の工夫

複数台のATMの利用時に，一列に並び空いたATMを順に利用することが多いです．

この並び方は「フォーク型」などとよばれますが，各々のATMの後ろに各人が好き勝手に並ぶより，フォーク型で並んだ方が，待ち時間の平均が短くなるとオペレーションズ・リサーチの取り組みで知られています．（そういえば，科学バラエティ系のテレビ番組で並び方による待ち時間の違いについて実験していたのを思い出します．解説はオペレーションズ・リサーチの研究者でした．）この結果，今ではチケット売り場などでもフォーク型は多く見受けられるようになりました．整理番号札を発券し順に処理する複数窓口も本質的にフォーク型です．

ところでこの一列に並ぶ際に，直線的ではなく，迷路状の経路に沿って並ばされる場合があります．遊園地での人気アトラクションの入場口等で見かけます．

本質的にはフォーク型なのですが，列の長さを実感させず，待つことの負担を減らすための心理的工夫です．ちなみに，ある有名な遊園地の運営にはオペレーションズ・リサーチからの工夫がたくさん取り入れられています．遊びながら探してみると面白いですよ．

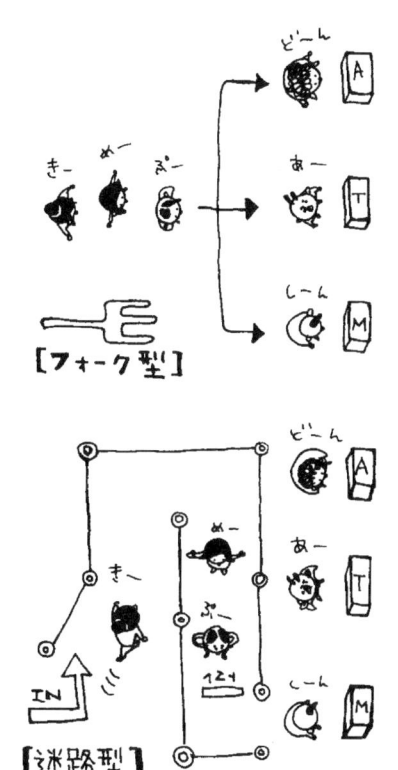

第6章 「待つ」と「行列」を解決する ── 87

6.4 まとめ

ここでは,「待つ」ことや「行列の長さ」について考えてみました.「待つ」,「行列」は多くの場面で見られ,解決してほしい対象になることも多いので,様々なタイプの「待つ」や「行列」に関する研究が,「待ち行列理論」と名付けられ,オペレーションズ・リサーチや通信の分野で進められてきました.最近ではインターネットを中心とする通信技術の進展にあわせて通信での「待ち」に関する話題が特に豊富ですが,そこで得られた知見もあわせて,世の中の様々な問題解決をサポートするツールとして役に立っています.

さらに学ぶために

■ 「待つ」や「行列」の話題や問題解決への利用法に触れたい人向け
　高橋幸雄・森村英典『混雑と待ち』朝倉書店 (2001)
■ 待ち行列モデルの様々な解析方法を知りたい人向け
　牧本直樹『待ち行列アルゴリズム』朝倉書店 (2001)

演習問題

6.1（利用頻度の推測）

あるチケットセンターでは受付電話番号を 50 個提示し (50 回線の体制で) チケットの電話予約を受け付けています. 1 通話での予約作業には平均 6 分を要します. 電話会社から,チケットセンターへ掛けられた電話のうち,約半数は着信拒否になっているとの報告がありました. このチケットセンターへの利用要求は 1 時間あたり何件あると推測できるでしょうか.

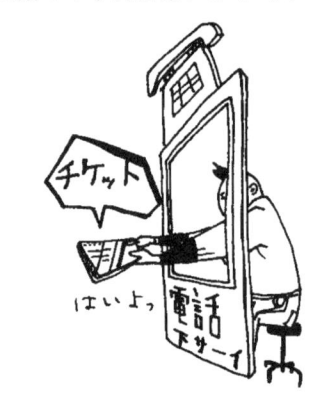

6.2（行列の長さ・待ち時間の期待値）
あるアイス売り場では，1時間に平均12人の客が買物に来て，客一人当たりの対応に平均3分要します．客が来たときに待たずにすぐアイスを買える確率を求めましょう．また，このアイス売り場での行列の長さの期待値や店に到着してから買物を終えるまでの時間の期待値を求めましょう．

第7章 決め方を決める
AHP

　私達は，日常で，複数の物の中から，さまざまな要因を考慮して1つの物を選択します．例えば，自転車を購入するときは値段だけでは無く，デザインや色，性能も評価の対象として選びます．またアパートを借りる時には，広さ，日当たり，築年数等を総合的に考えて選ぶでしょう．対象となるものが高価になればなるほど，評価項目も増えていくので，複数の候補の中から，どれか1つに絞り込んで選択するのはますます困難になります．

　このような評価に困るときに，対象に対する漠然としたさまざまな評価を数値で表すことによって，客観的に見て一番良いと思われる物を選択する方法の1つにAHP（Analytic Hierarchy Process）とよばれる階層分析法があります．

　AHPは新車の購入といった身近な事から，人事評価や政策決定といった意思決定にまで，幅広く応用されつつあります．

7.1 多数の候補から絞り込む

AHP は人の直感や主観を数値化することによって，感覚的な意思決定を行うときに威力を発揮する意思決定法です．AHP は経営者や現場の社員の経験による勘などが反映できるため，意思決定支援ツールとして広く使われています．その適用事例は，ペルー日本大使館占拠事件における解決策の選択問題，アメリカの連邦航空局における航空の安全性向上のための取り組み検討，日本の首都機能移転候補地選択問題，高速道路の機能評価，新車デザイン決定，人事評価等，さまざまです．

この章では，身近な例を取り上げて AHP による意思決定の手順を学んでいきましょう．それでは AHP の使用法を以下の例題で説明します．

■例題 7.1

田中さんは卒業旅行のツアーを決めようとしています．予算は 30 万円の前半で，行き先はアメリカ合衆国です．フロリダのデングリワールドは必ず行く事にし，できたらラスベガスにも寄りたいと思っています．色々調べて，以下の 3 つのツアーから選ぶことにしました．

	価格	内容	ホテル
A	16 万円	6 泊 7 日 デングリワールド 2 日間	★★★
B	18 万円	5 泊 6 日 デングリワールド 2 日間	★★★★★
C	21 万円	6 泊 7 日 デングリワールド 1 日 ユニコーンスタジオ 1 日 ラスベガス 1 泊	★★

どのようにしてツアーを選べば良いでしょうか．

AHPではまず，問題を**階層図**とよばれる**3つのレベル**に分けて書きます．レベル1は取り組んでいる**問題**，レベル2は**評価基準**，レベル3は**代替案（候補群）**です．

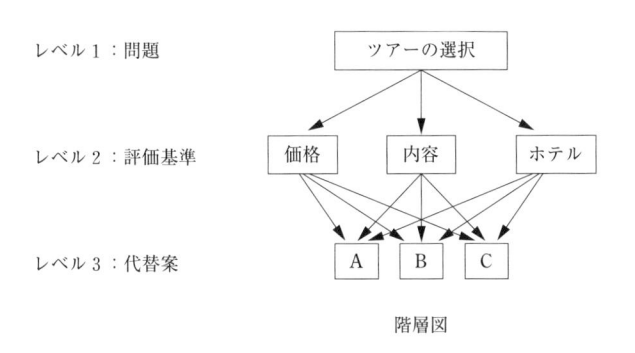

```
レベル1：問題                    ツアーの選択

レベル2：評価基準        価格      内容      ホテル

レベル3：代替案            A    B    C
```
階層図

各評価項目ごとに**一対比較**を行って**一対比較値**を決定します．次に，一対比較値を元に各評価項目ごとの**重要度**を計算します．各評価項目の重要度は正の小数値で，重要度の総和は1です．

それでは以下に，一対比較，一対比較値，重要度の計算方法について説明します．

7.2　2つのものの比較

次に，評価基準ごとに比較を行います．例題では，「価格」，「内容」，「ホテル」の3つの評価基準がありますので，これらのうちの2つを比較したときに，どちらをより好むかを数値で表すのが**一対比較**です．

例えば候補が5個あったときに，何回一対比較を行うかというと，

$$_5C_2\left(=\frac{5!}{2!\times 3!}=\frac{5\times 4}{2\times 1}=10\right)回$$

必要となります．

一対比較を行うときには，あらかじめ，一対比較値を設定します．例えば，AとBを比較するときに，以下のように比較値をおくとします．

一対比較値	「AとB」の比較に対する意味
1	両方同じくらい重要
5	Aの方がBより重要
10	Aの方がBよりとても重要
1/5	Bの方がAより重要（5の逆数）
1/10	Bの方がAよりとても重要（10の逆数）

一対比較値1，5，10は，「AとBの比較」をした場合，AとBが同じ位好まれるか，あるいはAの方がBより好まれるときの数値を表しています．

一対比較表

	価格	内容	ホテル
価格	1	1/5	5
内容	5	1	10
ホテル	1/5	1/10	1

逆数どうし

上の表は一対比較表とよばれるものです．「縦の項目」と「横の項目」を比較した一対比較値が，表中に書かれています．例えば，「内容」と「ホテル」を比べたとき，田中さんが内容の方がホテルよりとても重要だと思えば値は10となります．逆に，「ホテル」と「内容」を比較した場合は1/10と10の逆数となります．ですから，表の対角（左上から右下にかけての斜め）の数字は，同じもの同士を比較することになるので，必ず1が入り，表の左下半分の数字と右上半分の数字は，逆数が入るのです．

注）xの逆数とは，$1 \div x$の値をさします．

7.3 項目ごとの重要度の計算：幾何平均

いよいよ重要度を計算します．まず，一対比較表の各行の幾何平均を計算してから重要度を求めます．手順は以下の2ステップです．

ステップ1：
一対比較表の各行の値の積を計算し，その3乗根を求めます．求まった値は**幾何平均**とよばれます．

一般に n 個の値，$x_1, x_2, \cdots, x_n$ の幾何平均は，
$$(x_1 \times x_2 \times \cdots \times x_n)^{1/n}$$
と計算します．

ステップ2：
　各行の幾何平均を幾何平均の総和で割ります．得られた値が重要度です．
注）n 乗根は，関数電卓を用いると計算できます．

　一対比較表から幾何平均を求めると，以下のようになります．

	価格	内容	ホテル	幾何平均
価格	1	1/5	5	$(1 \times 1/5 \times 5)^{1/3} =$ 1.0
内容	5	1	10	$(5 \times 1 \times 10)^{1/3} \fallingdotseq$ 3.7
ホテル	1/5	1/10	1	$(1/5 \times 1/10 \times 1)^{1/3} \fallingdotseq$ 0.3
	幾何平均の総計			1.0 + 3.7 + 0.3 = 5.0

よって，重要度は次のように計算されます．

	重要度
価格	1.0 / 5.0 = 0.20
内容	3.7 / 5.0 = 0.74
ホテル	0.3 / 5.0 = 0.06

第7章　決め方を決める

計算した重要度から，田中さんは，

「価格」　　20%
「内容」　　74%　　の重要度で，ツアーを選択しようとしている
「ホテル」　6%

ということがAHPから推定できました．

今までの計算では，幾何平均の計算が最も困難です．関数電卓を持っていれば瞬時に計算できますが，手元に普通の電卓しか無いときは，当たりをつけて，せっせと計算しなければなりません．しかも5乗根，6乗根と大きくなっていけば，ますます計算が大変になります．

そこで，幾何平均を使用せずに，調和平均で代用して近似値を求めるという方法が提案されています．重要度は厳密な値を求める必要はありません．各評価項目ごとの重要度の大小が分かれば，それで十分なのです．調和平均は，四則演算だけで計算できるので，普通の電卓で簡単に求まります．

7.4　項目ごとの重要度の計算：調和平均

ここでは，調和平均を用いた重要度の計算を説明します．手順はやはり2ステップです．

ステップ1：

3を一対比較表の各行の値の逆数の総和で割ります．求まった値は**調和平均**とよばれます．

一般にn個の値，$x_1, x_2, \cdots, x_n$の調和平均は，

$$\frac{n}{1/x_1 + 1/x_2 + \cdots + 1/x_n}$$

と計算します．

ステップ2：

各行の調和平均を調和平均の総和で割ります．得られた値が重要度です．

一対比較表から調和平均を求めると，次のようになります．

	価格	内容	ホテル	調和平均
価格	1	1/5	5	3/(1 + 5 + 1/5) ≒ 0.48
内容	5	1	10	3/(1/5 + 1 + 1/10) ≒ 2.31
ホテル	1/5	1/10	1	3/(5 + 10 + 1) ≒ 0.19
	調和平均の総計			0.48 + 2.31 + 0.19 = 2.98

したがって，重要度は次のように計算されます．

	重要度
価格	0.48 / 2.98 ≒ 0.16
内容	2.31 / 2.98 ≒ 0.78
ホテル	0.19 / 2.98 ≒ 0.06

さあここで，幾何平均による重要度と調和平均による重要度を比較してみましょう．

	重要度（幾何平均）	重要度（調和平均）
価格	0.20	0.16
内容	0.74	0.78
ホテル	0.06	0.06

ほとんど値に差は無いことが分かるでしょう．ですから，実用上は調和平均でも十分なのです．

第7章 決め方を決める

7.5 重要度を総合する

ここまでで，田中さんが「価格」20%，「内容」74%，「ホテル」6%の割合で重要視していることがわかりました．それでは最終的にどのツアーを選択するのが，田中さんにとって良いのかを判断しましょう．以下では，幾何平均を用いて「価格」，「内容」，「ホテル」ごとの重要度を求めていきます．

価格

	A	B	C	幾何平均	重要度
A	1	5	10	$(1 \times 5 \times 10)^{1/3} \fallingdotseq 3.7$	0.74
B	1/5	1	5	$(1/5 \times 1 \times 5)^{1/3} = 1.0$	0.20
C	1/10	1/5	1	$(1/10 \times 1/5 \times 1)^{1/3} \fallingdotseq 0.3$	0.06
	幾何平均の総計			$3.7 + 1.0 + 0.3 \fallingdotseq 5.0$	

内容

	A	B	C	幾何平均	重要度
A	1	1/5	1/10	$(1 \times 1/5 \times 1/10)^{1/3} \fallingdotseq 0.3$	0.06
B	5	1	1/5	$(5 \times 1 \times 1/5)^{1/3} = 1.0$	0.20
C	10	5	1	$(10 \times 5 \times 1)^{1/3} \fallingdotseq 3.7$	0.74
	幾何平均の総計			$0.3 + 1.0 + 3.7 \fallingdotseq 5.0$	

ホテル

	A	B	C	幾何平均	重要度
A	1	1/5	5	$(1 \times 1/5 \times 5)^{1/3} = 1.0$	0.20
B	5	1	10	$(5 \times 1 \times 10)^{1/3} \fallingdotseq 3.7$	0.74
C	1/5	1/10	1	$(1/5 \times 1/10 \times 1)^{1/3} \fallingdotseq 0.3$	0.06
	幾何平均の総計			$1.0 + 3.7 + 0.3 \fallingdotseq 5.0$	

これで，各評価基準における，ツアーの重要度が決定しました．いよいよ総合重要度を計算します．次の表は，総合重要度を計算するものです．1行目の各列には，各評価基準ごとの重要度が示されています．2行目以降の各行はツアーを表し，各マスの中の点線より上には，各ツアーの各評価基準における重要度が示され，点線より下には，「点線の上の重要度」と「各列の重要度」を掛けた数値が示されています．1番右列の総合度は，各行の点線の下の数値を足し合わせたものです．

	価格 0.20	内容 0.74	ホテル 0.06	総合 評価
A	0.74 0.74 × 0.20 = 0.1480	0.06 0.06 × 0.74 = 0.0444	0.20 0.20 × 0.06 = 0.0120	0.2044
B	0.20 0.20 × 0.20 = 0.0400	0.20 0.20 × 0.74 = 0.1480	0.74 0.74 × 0.06 = 0.0444	0.2324
C	0.06 0.06 × 0.20 = 0.0120	0.74 0.74 × 0.74 = 0.5476	0.06 0.06 × 0.06 = 0.0036	0.5632

以上，重要度を総合してみた結果，一番値の大きなツアー C を選択するのが，田中さんによって最も好ましいことがわかります．

7.6 まとめ

本章では，AHP と呼ばれる，"一つの物をさまざまな方向から評価して順位付けをする手法"を紹介しました．AHP は，"主観をできるだけ排除した評価方法"の実現を目指して提案されました．ですから，皆さんも身近な事に AHP を使ってみると，直感とは異なった順序付けが得られて意外に思うことがあるかもしれません．

AHP は"公平さ"に重きを置いた評価方法の一つとして，今後ますます使われることでしょう．

さらに学ぶために

■ 日本で最初の啓蒙書
　刀根　薫『ゲーム感覚意思決定法 AHP 入門』日科技連（1986）
■ 付属 CD で実際に AHP を計算したい人向け

八巻直一・高井英造『問題解決のための AHP 入門』日本評論社 (2005)

■ 豊富な適用例を知りたい人向け

木下栄蔵『AHP の理論と実践』日科技連（2000）

木下栄蔵・田地宏一編『行政経営のための意思決定法』ぎょうせい（2005）

木下栄造・大屋隆生『戦略的意思決定手法 AHP』朝倉書店（2007）

演習問題

7.1 鈴木さんは，4月から英会話学校への通学を考え，勤務先の最寄にある英会話スクール3校から選択することにしました．どの学校も週に1回開講され1回の授業時間は50分で，詳細は以下の通りです．

英会話スクール	1ヶ月当たりの授業料	1クラスの最大人数	授業開講曜日
A	1万円	8人	固定
B	1.8万円	3人	フリー（2日前までに予約）
C	1.3万円	6人	フリー（1週間前までに予約

一対比較に対する重要度は，1，5，10とその逆数で，以下のように与えられています．このとき，調和平均を用いて総合重要度を求め，英会話スクールを選んで下さい．

	授業料	人数	曜日
授業料	1	1/5	1/10
人数	5	1	1/5
曜日	10	5	1

授業料

	A	B	C
A	1	10	5
B	1/10	1	1/5
C	1/5	5	1

人数

	A	B	C
A	1	1/10	1/5
B	10	1	5
C	5	1/5	1

曜日

	A	B	C
A	1	1/10	1/5
B	10	1	5
C	5	1/5	1

AHP

多くの人は，洋服を買いに行くと，最終的に2点に絞り，どちらにしようか迷うものです．AHPの提案者によると，この「最終的に2点に絞る」という行動は，AHPの考え方に一致しているそうです．洋服たち（複数の代替案）の中から，選定を行って少数の代替案を選定し，最終的に二者択一の一対比較を行っていることになるそうです．つまり，人間の選定基準の本質がAHPの一対比較だというのです．

会社では，意思決定をする場面が多々あります．「決断力が無ければ，管理職になれない．」と揶揄されるほど，管理職の仕事の大半は意思決定であると言われます．そのため，管理職には，「すばやい，しかも的確な判断力」が要求されます．この判断力の根底には，長年の知識や経験の蓄積があるので，年配の管理職の判断力を，経験の少ない若い社員に要求するのは無理難題です．

しかし，意思決定の手段としてAHPを導入すると，管理職の判断を（ある程度）シミュレートすることができるでしょう．

AHPが大勢の人に使われることで，公平性が高く利便性に富んだ決定が提供されることを願います．

第8章 ライバルとの駆け引きに勝つ
ゲーム理論

　ゲームは，相手があって初めて成り立ちます．ライバル同士が相手の腹の中を探りながら，自分にとって都合の良い方に話しが進むよう，模索していくのです．このような状況は，ゲーム理論を用いると合理的に分析することができます．チェスなどのボードゲームをするときは，常に対戦相手の「手」を先読みしますね．お互いの立場で考えながら，自分の有利となる作戦を練るということは，実生活では，ネットオークションの入札，会社間の競争，政党間の関係，生物の進化といったところにも応用されるのです．

　ゲーム理論を通して，「競争」と「協調」の折り合い点の見つけ方を学ぶことができるでしょう．ゲーム理論の考え方は，あなたの恋愛，仕事や，会社同士の微妙な関係に良い提案をもたらしてくれるかもしれません．

8.1　アイス屋さんの熱い戦い

　ゲーム理論では，行動を起こす人を**プレイヤー**とよびます．ゲームには，**協力ゲーム**と**非協力ゲーム**があります．前者はプレイヤー同士がお互いに協力し

て行動するゲームで，後者では，プレイヤーは協力せずに行動します．本書では非協力ゲームのみを紹介します．

まず初めに，簡単な駆け引きを通してゲーム理論の雰囲気を味わってみましょう．

■例題 8.1
○×海岸には，毎年夏になると道路沿いに「ぐるぐるアイス」のワゴン車が出現し，1カップ300円で販売をしています．ところが今年は新参者の「ロバアイス」が参入して来ました．しかもアイスの値段は1カップ280円です．お客さんはロバアイスに流れて行きました．さあ大変！ 慌てた「ぐるぐるアイス」が240円まで値下げし，結局，「ぐるぐるアイス」，「ロバアイス」ともに1カップ240円でアイスを販売することに落ち着きました．「ぐるぐるアイス」にとって客足は半分となりましたが，お客さんがまったく来ないよりはずっとマシだったのです．

上の例題では，「ぐるぐるアイス」はライバルの「ロバアイス」に負けないように，自分に有利な状況にもっていこうと行動します．しかし，「競争」ばかりでは折り合いが付かず，最終的にはどこかで「協調」することになるということが分ります．自分の都合だけを考えず，お互いに歩み寄って妥協点を探すことがポイントなのです．

例題8.1での，「ぐるぐるアイス」と「ロバアイス」のアイスの値段と売り上げを表にしてみました．

ぐるぐるアイスとロバアイスの売り上げ（万円）

ぐるぐる＼ロバ	300 円	240 円
300 円	ぐる：4，ロバ：4	ぐる：1，ロバ：10
240 円	ぐる：10，ロバ：1	ぐる：5，ロバ：5

どちらも300円でアイスを売ると4万円ずつの売り上げがあります．ところが一方が240円に値下げすると，値下げしたアイス屋さんは10万円の売り上げがあります．二軒とも240円に値下げすると，売り上げは5万円ずつです．

表から分るように，値段を300円のままにしておくと，相手に出し抜かれてお客を失ってしまいます．そのため，両者にとって，240円が折り合いのつく値段なのです．

前出のような表を，ゲーム理論では**利得行列**とよびます．利得行列に限らず，ゲーム理論で使われる専門用語は，普段なじみの無いものが数多くありますが，言葉に惑わされることなく本質を理解して頂きたいと思います．

8.2　囚人のジレンマ

次に，**囚人のジレンマ**とよばれる有名なゲームを紹介しましょう．

■例題 8.2　囚人のジレンマ

事件を起こした 2 人の容疑者 A，B が逮捕され，別々に取り調べを受けることになりました．警察は 2 人に対し，「黙秘」と「自白」の 2 つの選択があり，さらに次のような懲役刑があると伝えました．
- もし 2 人とも黙秘すれば，2 人とも 3 年の刑をうける．
- 2 人とも自白すれば，7 年の刑をうける．
- 1 人だけが自白すれば，自白した人は保釈し，自白しなかった方は 10 年の刑をうける．

お互いに相談することはできず，相手の取る行動もわかりません．2 人ともできるだけ刑期を短くしたいと考えていますが，どのような行動をとるのが合理的でしょうか．

第 8 章　ライバルとの駆け引きに勝つ

2人の行動と，行動を選んだときの刑は次の表のようになります．

囚人のジレンマの利得行列（単位：年）

A \ B	黙秘	自白
黙秘	A：3，B：3	A：10，B：0
自白	A：0，B：10	A：7，B：7

上の表では，例えば，Aが「黙秘」し，Bが「自白」を選んだとき，Aが10年の刑，Bが保釈と読み取れます．

このとき2人は合理的に考えた結果，2人とも「自白」を選び，7年の刑に服することになります．お互いに黙秘していれば3年の刑で済むのですが，相手が自白すると10年の刑になるので，2人とも自白します．2人とも「黙秘」すれば3年の刑で済むのに7年の刑に服するのでジレンマなのです．

8.3 お互いに納得する行動

お互いに，相手がとった行動に対してどのように自分の行動を変更しても，自分の利益を高めることができないとき，その時の行動のペアを**ナッシュ均衡**といいます．以下の例題でナッシュ均衡を探してみましょう．

■例題 8.3

A夫さん，B子さんがレストランで食事をすることになりました．二人は「イタリア料理」か「和食」にするかで意見が分かれています．二人のレストランに対する好みは以下の表のようになっています．
このとき，ナッシュ均衡となるレストランはどのペアでしょうか．

A夫さんとB子さんのレストランに対する満足度の利得行列

A夫 \ B子	イタリア料理	和食
イタリア料理	A：1，B：5	A：0，B：0
和食	A：0，B：0	A：8，B：2

まず，A夫さんの「イタリア料理」のレストランに行くという行動は，B子さんの「イタリア料理」に対し，満足度を最大にする行動となっています．なぜなら，

B子さんが「イタリア料理」を選んだとき,
　→ A夫さんの「イタリア料理」の満足度は1,「和食」の満足度は0

となっているからです．このとき，A夫さんの「イタリア料理」は，B子さんの「イタリア料理」に対する最適な行動（**最適反応戦略**）であるといいます．

A夫＼B子	イタリア料理
イタリア料理	◎ A：1
和食	A：0

◎：最適反応戦略

同様に，B子さんの「和食」に対しては，A夫さんのどちらの（あるいは両方の）行動の最適反応戦略になるのかをみてみましょう．

B子さんが「和食」を選んだとき,
　→ A夫さんの「イタリア料理」の満足度は0,「和食」の満足度は8

A夫＼B子	和食
イタリア料理	A：0
和食	◎ A：8

◎：最適反応戦略

一方，A夫さんの方はどうでしょうか．A夫さんが「イタリア料理」を選んだとき，B子さんの満足度は以下のようになります．

A夫さんが「イタリア料理」を選んだとき,
　→ B子さんの「イタリア料理」の満足度は5,「和食」の満足度は0

A夫＼B子	イタリア料理	和食
イタリア料理	◎ B：5	B：0

より，B子さんの「イタリア料理」はA夫さんの「イタリア料理」に対する最適反応戦略となっています．

A夫さんが「和食」を選んだとき,
　→ B子さんの「イタリア料理」の満足度は0,「和食」の満足度は2

第8章 ライバルとの駆け引きに勝つ

より，B子さんの「和食」はA夫さんの「和食」に対する最適反応戦略となっています．

A夫＼B子	イタリア料理	和食
和食	B：0	◎B：2

これら4つの最適反応戦略を一枚の表に書き込むと以下のようになります．

A夫さんとB子さんの行動に対する最適反応戦略（◎印のついたもの）

A夫＼B子	イタリア料理	和食
イタリア料理	◎A：1，◎B：5	A：0，B：0
和食	A：0，B：0	◎A：8，◎B：2

上の表で，(A：イタリア料理，B：イタリア料理) と (A：和食，B：和食) は共に相手の行動を固定したときの最適反応戦略となっています．この行動のペアを**ナッシュ均衡**とよびます．この戦略ゲームにはナッシュ均衡が2個存在します．

8.4 2軒のお弁当屋さんの駆け引き

8.3節では，二人の満足度を比較してナッシュ均衡を見つけることができましたが，ナッシュ均衡は必ず存在するとは限りません．次にナッシュ均衡が存在しない行動のペアを紹介します．

■例題 8.4　弁当屋

ある競技場の 2 軒の弁当屋 A，B では，「おにぎり」と「サンドイッチ」を販売しています．各弁当屋は日によって，「おにぎり」と「サンドイッチ」のどちらかのみを販売します．どちらの弁当屋もおにぎりとサンドイッチに特色があるので，相手の店がどちらを売るかによって，自分の店の売上げが変わります．各店の売上げは以下のように表すことができます．

弁当屋の売上げの利得行列（単位：万円）

A＼B	おにぎり	サンドイッチ
おにぎり	A：6，B：4	A：3，B：7
サンドイッチ	A：4，B：6	A：8，B：2

この表の状況で，ナッシュ均衡は存在するでしょうか．

　表のお客の割合を考えて，お弁当屋さん A と B の行動のペアを考えてみましょう．
　　B が「おにぎり」を売るとき．
　　　　→ A の「おにぎり」の売上げは 6 万円，「サンドイッチ」の売上げは 4 万円
よって，A の「おにぎり」は B の「おにぎり」に対する最適反応戦略です．

A \ B	おにぎり
おにぎり	◎A：6
サンドイッチ	A：4

Bが「サンドイッチ」を売るとき．
　→Aの「おにぎり」の売上げは3万円，「サンドイッチ」の売上げは8万円

よって，Aの「サンドイッチ」はBの「サンドイッチ」に対する最適反応戦略です．

A \ B	サンドイッチ
おにぎり	A：3
サンドイッチ	◎A：8

同様にして，Aが「おにぎり」を売るときは，Bの「サンドイッチ」が最適反応戦略です．

A \ B	おにぎり	サンドイッチ
おにぎり	B：4	◎B：7

そして，Aが「サンドイッチ」を売るときは，Bの「おにぎり」が最適反応戦略です．

A \ B	おにぎり	サンドイッチ
サンドイッチ	◎B：6	B：2

これらを表にまとめると次のようになります．

2軒のお弁当屋の各戦略に対する最適反応戦略（◎印のついたもの）

A \ B	おにぎり	サンドイッチ
おにぎり	◎A：6，B：4	A：3，◎B：7
サンドイッチ	A：4，◎B：6	◎A：8，B：2

この表を良く眺めると，各行動のペアの中には，両方とも最適反応戦略となるものは存在しません．つまり，この戦略ゲームには，ナッシュ均衡が存在しないのです．

以上のようなナッシュ均衡の存在しない行動のペアに対しては，行動を確率的に混合して用いるゲーム（混合戦略ゲーム）があります．このゲームには必ずナッシュ均衡は存在することが知られています．（本書では紙面の都合上混合戦略ゲームを省略します．）

8.5 損を抑えた行動選択

相手がどの行動を選ぶのかが分からないときに，自分の各行動について，自分の利益が最小となる相手の行動のうち，利益が最大となるものを選ぼうという考え方があります．このとき選んだ行動を**マックスミニ戦略**といい，マックスミニ戦略により得られる利益をマックスミニ値といいます．したがって，ゲームには自分のマックスミニ戦略，相手のマックスミニ戦略がそれぞれ存在します．

■例題 8.5　新製品のテレビ

電機メーカー A 社，B 社は，プラズマテレビの新製品を発売することになりました．各々のメーカーはプラズマテレビに対し，60 万円と 65 万円の 2 種類の定価を検討しており，各定価に対する売上げは以下のように予想しています．このとき，マックスミニ戦略となるペアを求めなさい．

A 社と B 社のプラズマテレビの価格による売上げの利得行列（単位：億円）

A ＼ B社	60 万円	65 万円
60 万円	A：12, B：13	A：15, B：7
65 万円	A：8, B：14	A：10, B：10

まず，A社のマックスミニ戦略を求めます．A社が「60万円」という定価を選んだときの利益のうち最小の売上げは12億円です．また，A社が「65万円」選んだときの利益のうち最小の売上げは8億円です．2つの値，12億円と8億円のうち最大の値は12億円なので，A社のマックスミニ戦略は「60万円」となり，マックスミニ値は12億円です．マックスミニ値を求める数式は次のようになります．

$$\max\{\min\{12, 15\}, \min\{8, 10\}\} = \max\{12, 8\} = 12$$

最初に，2つの { } の中の最小の値を求め，次に，求めた2つの値から大きい方を選ぶのです．マックスミニという言葉は数式を頭から読んだものです．

次にB社のマックスミニ戦略をA社のときと同様にして求めてみましょう．B社が「60万円」という定価を選んだときの利益のうち最小の売上げは13億円です．また，B社が「65万円」選んだときの利益のうち最小の売上げは7億円です．2つの値，13億円と7億円のうち最大の値は13億円なので，B社のマックスミニ戦略は「60万円」となり，マックスミニ値は13億円です．

$$\max\{\min\{13, 14\}, \min\{7, 10\}\} = \max\{13, 7\} = 13$$

したがって，A社とB社がともにマックスミニ戦略をとれば，(A社：60万円, B社：60万円) という行動のペアが実行されることになります．ちなみにこのペアはナッシュ均衡でもあります．

8.6 まとめ

本節では，ゲーム理論のさわりを平易に解説しました．お互いに論理的に秩序だった行動をするという仮定のもとで，合理的な駆け引きをすることの楽しさを味わって頂けたでしょうか．ゲーム理論は人と人の駆け引きに留まらず，生物間での駆け引きでも考えられ，経済学などの，さまざまな分野で活発に研究されています．

特有の専門用語に慣れると，ゲーム理論を通して，社会での行動パターンの「なぜ？」の裏側が見えてくるのではないでしょうか．

さらに学ぶために

■ ゲーム理論の入門を気軽に学びたい人のために.
逢沢　明『ゲーム理論トレーニング』かんき出版（2003）
渡辺隆裕『図解雑学　ゲーム理論』ナツメ社（2004）
■ 専門的な知識を得たい人のために.
中山幹夫・武藤滋夫・船木由喜彦編『ゲーム理論で解く』有斐閣ブックス（2000）
武藤滋夫『経済学入門シリーズ　ゲーム理論』日経文庫，日本経済社（2001）
梶井厚志・松井彰彦『ミクロ経済学　戦略的アプローチ』中央公論新社（2002）

演習問題

8.1　電機メーカーA社とB社はある製品の技術開発に対し，「協力」か「独自」のどちらかの行動を選ぼうとしています．各行動に対する利益は，以下の表に示されています．このとき，ナッシュ均衡を求めなさい．

A社とB社の売り上げの利得行列（単位：千万）

A社＼B社	協力	独自
協力	A：7，B：5	A：0，B：0
独自	A：0，B：0	A：5，B：4

8.2　例題8.1の利得行列のナッシュ均衡と，各アイス屋のマックスミニ値を求めなさい．

8.3　例題8.4の利得行列のお弁当屋A，Bのマックスミニ戦略とマックスミニ値を求めなさい．

ゲーム理論

ゲーム理論の出発点は，1944年に数学者のフォン・ノイマンと経済学者のモルゲンシュテルンによって書かれた「ゲームの理論と経済行動」という本です．1992年，数学者のジョン・ナッシュ博士は，ゲーム理論のナッシュ均衡に関する研究が評価されてノーベル経済学賞を受賞しました．

時は流れ2000年，スペインのバスク地方にあるビルバオ市で，第1回国際ゲーム理論研究会議が開催された時のことです．会議のオープニングのとき，ビルバオ市の（女性）市長によるスピーチで次のように話されました．

> 「ゲーム理論は，国と国との駆け引きにも使われると聞きました．私はゲーム理論が発展して，国（スペイン）に平和がもたらされることを期待します．」

なんと素晴らしいメッセージでしょう．スペイン国内では，いくつかの民族による争いが絶えず，地域によっては長年，独立運動が起きています．会議が開催されたバスク地方は，バスク語という独自の言語をもつ民族が住んでおり，独立運動が盛んで，時にはテロ行為のために安全が脅かされています．

ゲーム理論は，人と人との間の「競争」と「協調」をはかる学問ですから，民族同士の諍いにも使われてしかるべきです．しかし，現実には，政治と軍事が複雑に絡み合っていますし，ゲーム理論ではプレイヤーが合理的な行動をとることを前提としているので，反社会的な行動が起きることを考慮しなければならない状況ではゲーム理論を適用するのは難しいのです．

話を会議に戻しましょう．会場には，前出のノーベル経済学賞受賞者ジョン・ナッシュ博士のお元気な姿が見られました．ナッシュ博士は，若い時に統合失調症を発症し，長い間研究生活中断を余儀なくされたという数奇な経験をされています．自伝が『ビューティフル・マインド』という映画や本に公開されているので，興味がある方はご覧下さい．

第9章 投票者の選挙への影響力をはかる
投票力指数

　私達は大勢で意思決定を行うときに，投票による多数決を利用することがあります．投票は，団地の管理組合選挙，市町村議会選挙，株主総会，県議会選挙，日本の衆議院・参議院の代議員選挙，アメリカ合衆国の大統領選挙，国連の安全保障理事会等，さまざまな場面で行われています．また多数決での議案の可決の条件は，有権者の過半数以上の賛成，有権者の3分の2以上の賛成等，状況によって異なります．

　投票による多数決には，代議員選挙のように，1人が平等に1票ずつ持つ多数決と，議員数に応じた票数をもつ東京都議会の決議のように，人によって票数の違う多数決があります．前者は各人が公平に扱われるので，各投票者が多数決に及ぼす影響力に差はありません．後者は，重みの大きい票数をもつ投票者ほど，より多数決に影響をもたらすと考えられます．このとき，投票者は票数に比例した影響力をもっているのでしょうか．

9.1 票数の及ぼすパワー

ゲーム理論では，投票者が多数決に与える影響力を分析する研究が行われています．異なる票数をもつ投票者により多数決で定義されるゲーム（注1）を**重み付き多数決ゲーム**とよびます．重み付き多数決ゲームにおいて，投票者が票数に比例した影響力をもつかどうかを解析するために，**投票力指数**とよばれる影響力を測るための指標が提案されています．身近な例を中心に投票力指数の計算方法を紹介しましょう．

注1 ここで扱うゲームとは，ゲーム理論の「ゲーム」です．詳細はゲーム理論の章をご覧下さい．

■例題 9.1

X社の株主総会で，3人の株主A氏，B氏，C氏による採決がとられることになりました．各人は各々20, 30, 50票を持ち，51票以上の賛成が得られれば可決となります．3人の間には利害関係は無く，「賛成」，「反対」のどちらの意見をもつかは等しい確率であるとします．このとき，3人の決議に対する影響力を調べなさい．

A 20票 B 30票 C 50票

（**解説**）3人の間に利害関係等が無く，勝手にグループを作成できれば，可決となるグループは，{A, C}, {B, C}, {A, B, C}の3通りです．

{A, C} {B, C} {A, B, C}
20+50=70票 30+50=80票 20+30+50=100票

A, B, Cの3氏は各々, 2グループ, 2グループ, 3グループに属しているので可決に関わっている割合は, 2：2：3となり, 明らかに票の重みの比2：3：5とは異なります. このような単純な例でさえ, 各投票者の票の重みの比が, そのまま投票に反映していません.

一般にどのような方法で, 投票力への影響力を測ることができるのでしょうか.

9.2 投票の順番に注目したパワー計算

本節では, 投票者が投票をする順番が, 可決に対してどのように影響を及ぼすかを見てみましょう.

■**例題 9.2**

株式会社X社では, 株主A氏, B氏, C氏の3名が全株を所有しています. 株の保有数は各々20, 30, 50です. これから株主総会が開催され議決がとられます. 株主総会での議案の可決には, 賛成者の所有する株数が51以上必要であるとします. 3名が順番に「賛成」に投票していくときに, 投票した人達の株の保有数の合計が, ある投票者が加わったときに51に達したら, その投票者は影響力をもつと考えます. このとき各人の投票に対する影響力はどのように測れるでしょうか. ただし, 各人の投票の順番は適当であるとします.

A氏　　B氏　　C氏

(**解説**) ここでは，A, B, C の 3 氏が各々 20, 30, 50 票を持つ投票において，過半数 51 票以上の賛成が得られれば議案が可決になるとみなし，投票者のもつ影響力を「投票者の順列（順番）」を用いて考えます．

投票者が順番に「賛成」に票を入れていくと，ある投票者が投票したときに，初めて投票した人の票の和が決められた過半数以上となるときが存在します．この投票者をその順列における**ピヴォット**であるといいます．ここで，すべての投票者に好み等の偏りが無く，すべての順列が同じ確率で発生すると仮定したときに，各投票者がピヴォットとなる割合を影響力とみなします．

1.A 氏　2.B 氏　3.C 氏　の順に「賛成」に票を入れるとき．

20 票　30 票　50 票

A 氏のみ

票数計 20 票（可決されない）

A 氏 + B 氏

票数計 50 票（可決されない）

A 氏 + B 氏 + C 氏

票数の合計 100 票
C 氏によって，初めて可決される．
よって C 氏はピヴォットである．

このような考え方で，各投票者のもつ投票力への影響力を以下のように定義します．

$$\text{A氏のもつ投票への影響力} = \frac{\text{A氏がピヴォットとなった回数}}{\text{投票者の順列数}}$$

先に挙げた例題では，投票者は3人なので，順列は3！（＝3×2×1）で6通り存在します．また順列に従って票の重みを並べていくと，各順列におけるピヴォットは次の図のように定まります．

順列	票の重み	ピヴォット
(A B C)	A B C	C
(A C B)	A C B	C
(B A C)	B A C	C
(B C A)	B C A	C
(C A B)	C A B	A
(C B A)	C B A	B

よって，

　　A氏のもつ投票への影響力：1/6

　　B氏のもつ投票への影響力：1/6

　　C氏のもつ投票への影響力：4/6 = 2/3

となります．計算した影響力から，各人の保有する株数は，20，30，50と異なり，A氏は株の保有率はB氏の2/3と，大きな差があるにもかかわらず，投票への影響力による評価では，影響力には差がないことがわかります．

第9章　投票者の選挙への影響力をはかる────119

ここで紹介した投票力指数への影響力の測り方は，1954年に**シャープレイ**氏と**シュービック**氏により提案されたもので，**シャープレイ・シュービック指数**とよばれています．

9.3　投票者のグループに注目したパワー計算

本節では，投票者がどのようなグループ（組合せ）を作ると，可決となるかに着目して各人の投票への影響力を見てみます．

> ■例題 9.3
> X社の株主総会で，3人の株主A氏，B氏，C氏による採決がとられることになりました．各人は各々20，30，50票を持ち，51票以上の賛成が得られれば可決となります．各人が，意見を「賛成」から「反対」または「反対」から「賛成」に変えることによって，結果を「可」から「否」または「否」から「可」に変えられるときに影響力をもつとします．「賛成」，「反対」のどちらの意見をもつかは等確率であるとします．このとき各人の投票に対する影響力はどのように測れるでしょうか．ただし，各人の意見の変え方は適当であるとします．

（解説）　先の問題では，投票者の順列を用いて影響力を測ったのに対し，ここでは，「投票者のグループ」を用いて考えます．

いま，A氏のもつ投票への影響力について考えます．全投票者からA氏を除いた投票者のグループにA氏が加わって，初めて票数の和が過半数以上となるとき，ゲーム理論では，A氏はそのグループにおける**スウィング**であるといいます．A氏がスウィングになった回数を用いて，投票への影響力を表すと以下のようになります．

$$\text{A氏のもつ投票への影響力} = \frac{\text{A氏のスウィングの回数}}{\text{全投票者からA氏を除いた投票者のグループの数}}$$

上の例題では，A氏を除いた投票者のグループ数は $2^{(3-1)} = 4$ 通り存在し，各グループにおいてスウィングであるか否かは，以下の図のようになります．

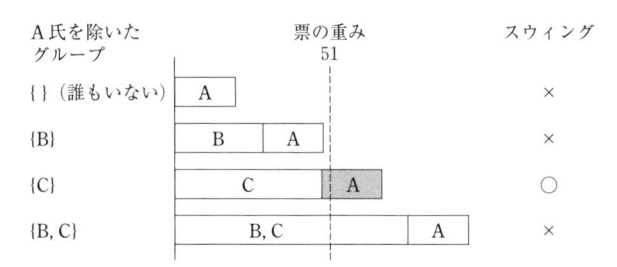

A氏を除いた グループ	票の重み 51	スウィング
{ }（誰もいない）	A	×
{B}	B A	×
{C}	C A	○
{B, C}	B, C A	×

よって，

　　A氏のもつ投票への影響力：1/4

となり，同様にしてB氏，C氏のもつ投票への影響力を求めると次のようになります．

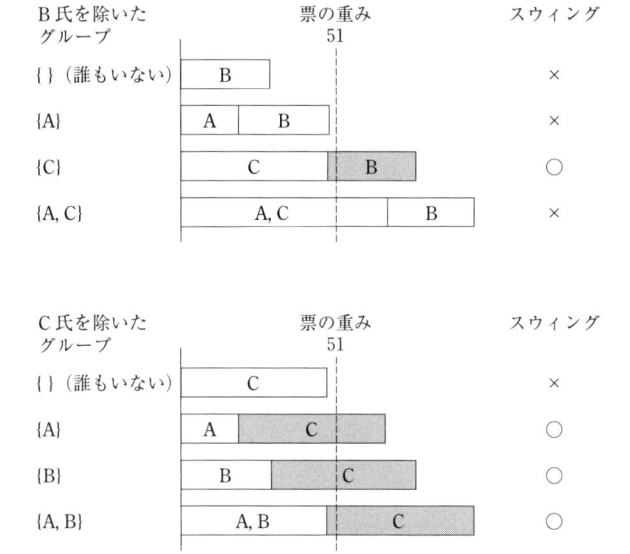

B氏を除いた グループ	票の重み 51	スウィング
{ }（誰もいない）	B	×
{A}	A B	×
{C}	C B	○
{A, C}	A, C B	×

C氏を除いた グループ	票の重み 51	スウィング
{ }（誰もいない）	C	×
{A}	A C	○
{B}	B C	○
{A, B}	A, B C	○

B 氏のもつ投票への影響力：1/4

C 氏のもつ投票への影響力：3/4

となります．求めた影響力は，シャープレイ・シュービック指数のときと同様に，票の重みの相違にかかわらず，A 氏と B 氏は同じであることが観察できます．

紹介した影響力の測り方は，1960 年に法律家のバンザフ氏により提案され，**バンザフ指数**とよばれるものです．ここで注意深い読者は気付かれたと思いますが，シャープレイ・シュービック指数の総和は必ず 1 となります．しかし，バンザフ指数の総和は 1 になるとは限らないことに気をつけましょう．理由の詳細は省略します．

紹介した 2 つの指数は，

　　　A 氏の票の重み ≦ B 氏の票の重み

という大小関係があれば，

　　　A 氏の影響力 ≦ B 氏の影響力

という関係が成立することが知られています．

9.4 まとめ

本章では，投票力指数を紹介しました．投票力指数は，選挙での投票の際，票数の値の比較だけでは読み取れない，票の違いが投票に及ぼすパワーを数理的に解析する方法です．投票力指数を知ると，選挙の度に各政党のもつパワーを解析したくなります．選挙前後の議席数の増減によって各政党のパワーの変化がただちに分かるのです．

さらに学ぶために

■ 専門的な知識を得たい人のために
武藤滋夫・小野理恵『投票システムのゲーム分析』日科技連（1998）
中山幹雄・武藤滋夫・船木由喜彦『ゲーム理論で解く』有斐閣ブックス（2000）

演習問題

9.1 A，B，Cの3人が多数決を行います．各人のもつ票数は1, 1, 3で，可決に必要な票数を4とします．このとき以下の問いに答えなさい．
(1) 各人のシャープレイ・シュービック指数を求めなさい．
(2) 各人のバンザフ指数を求めなさい．

9.2 A，B，Cの3人が多数決を行います．各人のもつ票数は1, 1, 3で，可決に必要な票数は3とします．このとき以下の問いに答えなさい．
(1) 各人のシャープレイ・シュービック指数を求めなさい．
(2) 各人のバンザフ指数を求めなさい．

ころころコラム

投票力指数

H.9年からH.19年の10年間に東京都議会議員選挙は，3回実施されました．H.

表1　改選後の各会派の人数

会派	H.9年の改選後	H.13年の改選後	H.17年の改選後（H.19年4月現在）
自由民主党	54	53	49
日本共産党	26	15	13
公明党	24	23	22
民主党	12	22	35
生活ネット	2	6	4
社会民主党	1	0	0
無所属（注1）	8	7	4
諸派	0	1	0
過半数／計		64/127	

注1：無所属8は，会派に属しない議員が8名いることを意味します．

9年,H.13年,H.17年です.それでは,改選後の各会派の人数から,改選前後の状況を分析してみましょう.各政党の議席数は選挙により表1のように変化しました.東京都議会では,議案の決議をとるとき,所属する政党内で一致した意見を通すことになっているので,この多数決は重み付き多数決ゲームとなります.

表1を見て,多くの人は,8年間で日本共産党の議席数が半減し,民主党が3倍近く議席を増やして自民党に継ぐ勢いであると指摘するでしょう.でもそれは本当でしょうか? 投票力指数を測ってみましょう.

表2 東京都議会議席数と投票力指数（H.9年〜H.19年の都議会選挙後）
（シャープレイ・シュービック指数は「SS」と省略）

会派	H.9年の改選後	SS	H.13年の改選後	SS	H.17年の改選後 (H.19年4月現在)	SS
自由民主党	54	0.502	53	0.518	49	0.440
日本共産党	26	0.160	15	0.139	13	0.107
公明党	24	0.160	23	0.139	22	0.190
民主党	12	0.160	22	0.139	35	0.190
生活ネット	2	0.002	6	0.018	4	0.024
社会民主党	1	0.002	0	0.000	0	0.000
無所属（注2）	8	0.002	7	0.006	4	0.012
諸派	0	0.000	1	0.006	0	0.000

注2：無所属8は,会派に属しない議員が8名いることを意味します.表中の指数は各無所属の議員一人あたりの指数です.

H.13年の改選後,自由民主党は議席を1つ減らしたにも関わらず,力をわずかですが増やしていることが分かります.日本共産党は議席数を半分近くまで減らし,民主党は議席数を倍近くに伸ばしたのに,力関係に変化はありません.実に,日本共産党はH.9年からH.17年の改選前まで,公明党,民主党と横並びで,同じ力となっている事が分かります.決議においては実質的に3党の力は同じだったのです.

上記のように,投票力指数を通して見ると,議席数だけからは見えない,様々な状況が見え,議席数の裏に隠れた強弱関係を知ることができるのです.

第10章 駆け落ちをしないペアを作る
安定結婚問題

　私達の生活では，人のグループ分けが日常的に行われています．例えば，個別指導の塾で「生徒に塾講師を割り当てる」，会社で新入社員を「研修のためにグループ分け」したり，大学で「学生のゼミへの振り分け」が行われています．各人の希望を考慮して配属を決めることもあります．希望順序は数字で表されるので，グループ分けの問題を数学の問題として捉えることができます．このような問題は「安定結婚問題」と呼ばれ，組合せ論の分野で盛んに研究されています．

　しかしながら，安定結婚問題を紹介した和書は現在までの所数える程しかありません．そこで本章では，安定結婚問題をできるだけ分かりやすく紹介したいと思います．

10.1 男女のペアを組む

　安定結婚問題とは，「男女が同人数いるときに，男女のペアを作成しなさい．ただし，各人は異性に対して「Xさんは2番目に好き」，「Yさんは4番目に好き」等という好きな順番があり，これを利用して不平が出ないようにペアを組みなさい」という問題です．以下に例を紹介しましょう．

■**問題 A**

男女3人ずつと，各人の異性に対する好きな順番が分かっています．このとき，不平のでないような男女の3つのペアを求めなさい．

	好 ←→ 嫌		
A	X	Y	Z
B	X	Z	Y
C	Y	X	Z

	好 ←→ 嫌		
X	B	A	C
Y	A	C	B
Z	B	C	A

ここで，男性と女性のカップルを**ペア**といい，ペアの集まったものを**マッチング**ということにします．上の問題では，男女3人ずつなので答えは3つのペアからなるマッチングになります．

問題Aでは，もし全員が一番に好きな異性とペアを組めるなら話は簡単です．しかし，たいていはそんなに単純ではありません．そこでどのようにして男女のペアを組めば良いかを考えて見ましょう．

まず，最初に考えなければならないのは，「不平の出ないマッチングとはどのようなものか」ということです．

マッチングの中に
　　　不平を持つペアがいない場合
　　　不平を持つペアがいる場合
を考えてみましょう．

いま，下図のマッチング中の男山さん（♂）と女神さん（♀）の二人に注目してみましょう．男山さんは女神さんが一番好きで，女神さんも男山さんが一番好きです．しかし，マッチングを組んでみたら，男山さんは2番目に好きな女性とペアを組み，女神さんは3番目に好きな男性とペアを組んでいます．このマッチングでは，（少なくとも）男山さんと女神さんは「今ペアを組んでいる人よりも好きな人がいるのに，どうしてペアになれないの？」と不満に思うでしょう．

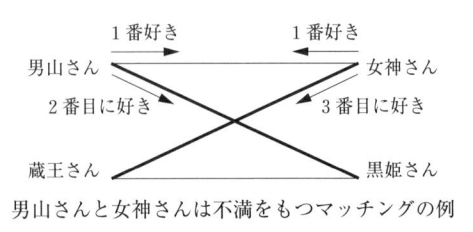

男山さんと女神さんは不満をもつマッチングの例

マッチングの中に，このような不満を持つペアが存在すると，二人は駆け落ちをしてしまいます．そこで，駆け落ちをする人がいないようなマッチングを作る必要があります．不満を持つペアは駆け落ちをしてマッチングを壊してしまうので**ブロッキングペア**とよぶことにします．ブロッキングペアを含まないマッチングを**安定マッチング**といい，ブロッキングペアを含むマッチングを**不安定マッチング**ということにします．各人の異性に対する好きな順番を**選好順序**とよぶことにします．

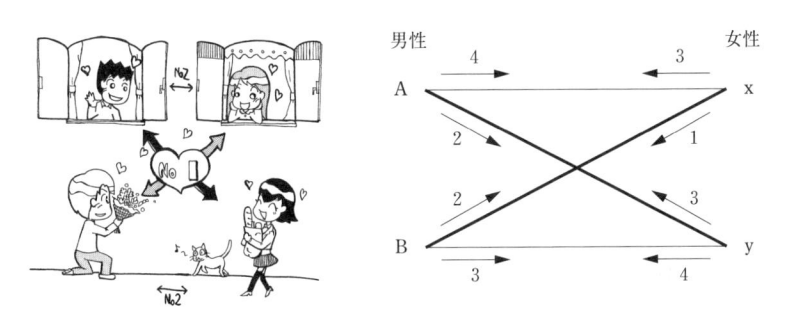

安定マッチングの例．線上の番号は，異性に対する選好順序を表し，太線がマッチングを表します．このマッチングにはブロッキングペアは存在しません．

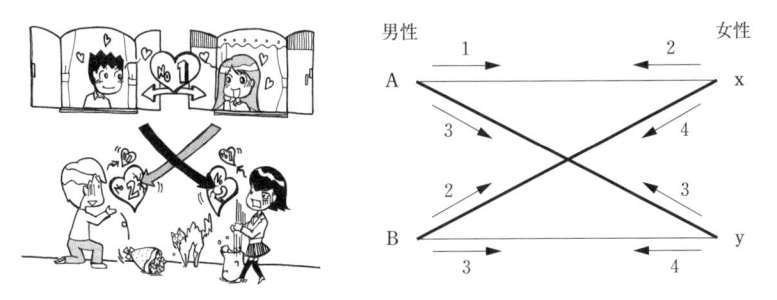

不安定マッチングの例．太線のマッチングでは，男性 A と女性 x のペアはブロッキングペアになっています．

すると，前出の問題 A は次のように言いかえることができます．

> **■問題 B**
> 同数の男女がいて，各人の異性に対する選好順序がわかっています．このとき，安定マッチングを求めなさい．

問題 B は**安定結婚問題**とよばれ，1962 年に**ゲールとシャープレイ**という二人の数学者によって紹介されました．「安定」という性質を満たすマッチングを求める安定結婚問題は，研修医の病院配属をはじめとし，多くの現実問題に利用されています．

10.2 ゲールとシャープレイが提案したアルゴリズム

本節では，ゲール・シャープレイアルゴリズム（以後，G-S アルゴリズムとします）とよばれる，安定結婚問題を解くための手順について紹介しましょう．

どのような安定結婚問題に対しても，ゲールとシャープレイにより提案された G-S アルゴリズムを用いて安定マッチングを求めることができます．G-S アルゴリズムの実行中，各人はペアを組んでいない「独身」とパートナーを持つ「婚約」のどちらかの立場があります．アルゴリズムの中では，「プロポーズ」という言葉が出てきますが，これは男性が女性にペアになることを申し込むことを意味します．

【G-S アルゴリズム】
［入力］　n 人ずつの男女の集合および各人の異性に対する選好順序
［出力］　安定マッチング

［Step 0］　（初期設定）　全員を独身とします．
［Step 1］　独身の男性が存在する限り，以下の(1)〜(4)の操作を繰り返します．
　(1)　独身の男性を 1 人選びます．
　(2)　(1)で選ばれた男性がプロポーズしていない女性の中で，選好順序がもっとも高い（好きな）女性にプロポーズします．

(3) (2)でプロポーズされた女性が独身なら，女性はプロポーズを受け入れ男性と婚約します．

(4) (2)でプロポーズされた女性が婚約中なら，現在のパートナーの男性と，プロポーズした男性の選好順位を比較します．もし，婚約中のパートナーの選好順位の方が上なら，女性はプロポーズを断ります．プロポーズした男性の選好順位の方が上なら，婚約を解消し，プロポーズした男性と婚約します．

10.3　G-S アルゴリズムの正しさ

　ここでは，G-S アルゴリズムが永久に終了しなかったり，安定マッチングでないものを出力したりしないことを保証します．証明等の長い記述がありますが，これは読み飛ばしても構いません．

　最初に，G-S アルゴリズムが有限回で終了する，すなわち無限ループに陥らないことを示します．

性質1　G-S アルゴリズムは必ず終了する．
（証明）各男性は，同じ女性に2度プロポーズすることは無いので，アルゴリズムは有限回で終了します．（証明終わり）

　次に，G-S アルゴリズムが終了すると，安定マッチングが得られることを性質2と性質3の二つに分けて示しましょう．

性質2　G-S アルゴリズムが終了したなら，マッチングが得られる．
（証明）アルゴリズム中では，一度女性は婚約すると，以降はパートナーがいます．もし，独身の男性がいるならば，独身の女性が必ずいます．独身の男性は，女性にプロポーズし続け，最後には全員が婚約します．（証明終わり）

性質3　G-S アルゴリズムは安定マッチングを出力する．
（証明）アルゴリズムは安定マッチングを出力しない，すなわち不安定マッチングを出力すると仮定して矛盾を導きます（背理法）．

マッチングが不安定ならば，マッチング中にブロッキングペアがあります．いま，ブロッキングペアの一つに注目し，そのペアを（男性A，女性x）としましょう．不安定マッチング中で，男性Aは，現在のパートナー女性yよりも女性xへの選好順序の方が高く，女性xは，現在のパートナー男性Bよりも男性Aの選好順序が高いとします．

アルゴリズムでは，男性は，選好順序の高い人から順番にプロポーズをしていくので，男性Aは，現在のパートナー女性yとペアを組む前にどこかの時点で既に女性xにプロポーズしたけれども断わられた（女性xと一度婚約してその後解消された場合もあります）ことになります．男性Aが女性xにプロポーズを断られたとすると，それは，そのときのパートナーの方が選好順序が高かったためです．女性は一度婚約すると，現在のパートナーよりも選好順序が高い人がプロポーズしてこない限り，婚約を解消しません．

したがって，G-Sアルゴリズムでは，このようなペアができることはありません．（証明終わり）

以上の性質1～3より，G-Sアルゴリズムの有限性（必ず止まる）と正当性（安定マッチングを求める）が示せました．

10.4 男性からプロポーズする

それでは以下の例で，G-Sアルゴリズムを使ってみましょう．ここでは男性側からプロポーズし，女性側からはアプローチしないものとします．

■例題 10.1
前出の選好順序から，G-Sアルゴリズムを用いて安定マッチングを求めなさい．

男性	好←──→嫌		
A	x	y	z
B	x	z	y
C	y	x	z

女性	好←──→嫌		
x	B	A	C
y	A	C	B
z	B	C	A

(解説) まず，男性 A さんが，女性 x さんにプロポーズします．x さんは独身なので，A さんのプロポーズを受け入れ婚約します．

男性	好←──→嫌		
A	ⓧ	y	z
B	x	z	y
C	y	x	z

女性	好←──→嫌		
x	B	Ⓐ	C
y	A	C	B
z	B	C	A

次に男性 B さんが，女性 x さんにプロポーズします．x さんは既に A さんと婚約していますが B さんの方が好きなので，A さんとの婚約を破棄し，B さんと婚約します（A さんは独身に戻ります）．

男性	好←──→嫌		
A	⊗	y	z
B	ⓧ	z	y
C	y	x	z

女性	好←──→嫌		
x	Ⓑ	Ⓐ̸	C
y	A	C	B
z	B	C	A

男性 C さんが，女性 y さんにプロポーズします．y さんは独身なので，C さんのプロポーズを受け入れ婚約します．

男性	好←──→嫌		
A	⊗	y	z
B	ⓧ	z	y
C	ⓨ	x	z

女性	好←──→嫌		
x	Ⓑ	Ⓐ̸	C
y	A	Ⓒ	B
z	B	C	A

男性 A さんが，2 番目に好きな女性 y さんにプロポーズします．y さんは既に C さんと婚約していますが，A さんの方が好きなので，C さんとの婚約を破棄し，A さんと婚約します（C さんは独身に戻ります）．

男性	好←——→嫌		
A	(X̶)	(y)	z
B	(x̶)	z	y
C	(X̶)	x	z

女性	好←——→嫌		
x	(B)	(A̶)	C
y	(A)	(C̶)	B
z	B	C	A

男性 C さんが，女性 y さんの次に好きな，女性 x さんにプロポーズします．x さんは既に B さんと婚約しており，新たにプロポーズした C さんよりも婚約中の B さんの方が好きなので，C さんのプロポーズを断ります．次に，男性 C さんは 3 番目に好きな女性 z さんにプロポーズします．z さんは独身なので，C さんと婚約します．すると，独身者はいなくなるのでアルゴリズムは終了で，いまの婚約中のペアが安定マッチングとなります．

よって，安定マッチングは，(A, y)，(B, x)，(C, z) です．

男性	好←——→嫌		
A	(X̶)	(y)	z
B	(x̶)	z	y
C	(X̶)	(X̶)	(z)

女性	好←——→嫌		
x	(B)	(A̶)	C
y	(A)	(C̶)	B
z	B	(C)	A

ところで，G-S アルゴリズム中では，男性からしかプロポーズをしていません．そこで，男性と女性を入れ替えた場合に，得られる安定マッチングがどのようなものになるかを観察してみましょう．

10.5 女性からプロポーズする

■例題 10.2

以下の選好順序から，G-S アルゴリズムを用いて安定マッチングを求めなさい．また，女性側からプロポーズした場合の安定マッチングも示しなさい．

男性	好←——→嫌		
A	x	y	z
B	x	z	y
C	z	x	y

女性	好←——→嫌		
x	C	B	A
y	B	C	A
z	B	A	C

（解説） G-Sアルゴリズムを用いて安定マッチングは，以下のようになります．

男性	好←──→嫌		
A	x	ⓨ	z
B	ⓧ	z	y
C	ⓩ	x	y

女性	好←──→嫌		
x	C	Ⓑ	A
y	B	C	Ⓐ
z	B	A	Ⓒ

また，女性側からプロポーズした場合の安定マッチングは次のようなものが得られます．

男性	好←──→嫌		
A	x	ⓨ	z
B	x	ⓩ	y
C	z	ⓧ	y

女性	好←──→嫌		
x	Ⓒ	B	A
y	B	C	Ⓐ
z	Ⓑ	A	C

例題10.2で得られたマッチングはどちらも安定マッチングですが，互いに異なるものです．よく見比べてみると，男性からプロポーズした場合は男性側に有利な安定マッチングに，女性からプロポーズした場合は女性側に有利な安定マッチングになっています．これらは各々，**男性最適安定マッチング**（女性最悪安定マッチング），**女性最適安定マッチング**（男性最悪安定マッチング）といい，次のような性質が知られています．

性質4 与えられた選好順序に対する安定マッチングが複数存在する場合，男性最適安定マッチングと女性最適安定マッチングは異なる．

上の性質は，独身の人は相手からのプロポーズを待つよりも，自分からプロポーズした方が，より好きな人と結ばれるということを示しています．

10.6 まとめ

本章では，各人が納得するカップルの作り方の一つであるG-Sアルゴリズムを紹介しました．G-Sアルゴリズムは，「人と人」，「人と仕事」等のマッチングを必ず見つける方法です．男性側からプロポーズして得られた安定マッチングと，女性の方からプロポーズして得られた安定マッチングは，どちらもプロポーズした側に有利結果となっています．このことから，「自分の方から積極的にアプローチすると，良い結果となる．」という自然な事実が観察されます．（プロポーズを待っていてはいけない！　のです）

安定結婚問題では，男女が同数でない場合や，同性のカップルを許す場合，カップルに重みを付け満足度の最も高い安定マッチングを求める最適化問題も研究されています．

さらに学ぶために

■ 大学教養レベルの方が入門を学ぶために．
G. ポリア・R. E. タージャン・D. R. ウッズ／今宮淳美訳『組合せ論入門』近代科学社（1986）
東京理科大学数学教育研究所編『数学トレッキングツアー』教育出版（2006）
■ 研究者が発見した専門的な結果を知りたい人のために．
久保幹雄・田村明久・松井知己編『応用数理計画ハンドブック』朝倉書店（2002）

演習問題

10.1 以下のような選好順序が与えられたときに，男性最適安定マッチングと女性最適安定マッチングを求めなさい．

男性	好	←	→	嫌
A	z	y		x
B	x	y		z
C	z	y		x

女性	好	←	→	嫌
x	A	B		C
y	B	C		A
z	C	A		B

安定結婚問題

　安定結婚問題の章で紹介した，ゲールとシャープレイのアルゴリズムは，現実に使用されているのでしょうか？　答えは「イエス！」です．例えば，TK大では学生の研究室配属のときに，このアルゴリズムを元にした配属プログラムを使用しています．数年前，当時，学科のスタッフだったORの教員が，アルゴリズムを提案し，プログラムは現役で活躍しているそうです．

　最近では，医師臨床研修マッチング協議会が提供している，「**日本医師臨床研修マッチングプログラム（以後，研修医マッチングとする）**」（平成16年4月より導入）や歯科医師臨床研修マッチング協議会が提供している，「**歯科医師臨床研修マッチングプログラム（以後，歯科マッチングとする）**」（平成18年4月より導入）とよばれるシステム上でG-Sアルゴリズムが動いています．研修医マッチングプログラムは，医師免許を得て臨床研修を受けようとする者（研修希望者）と，臨床研修を行う病院（研修病院）の研修プログラムと研修希望者及び研修病院の希望をもとに，G-Sアルゴリズムに従って効率良くかつ明確に安定マッチングを決定するシステムです．

　学生と病院とのいずれの組合せも（相手がいないよりはいくらかでも良いといえるような）内定者が決まっており，かつ誰もが不満な状況にはないとき，安定なマッチングが成立しているとよびます．

　平成18年度は，8400名強の臨床医に対し，参加病院は1000強（募集定員11000名強）で，参加者の95％以上が第3希望までに配属できるというマッチングの結果がでました（平成17年も同様）．

　歯科マッチングでは募集定員3700名強に対し，3500名強が参加しました．平均4病院に対し順位をつけ，マッチングを決定した所，平成17年，18年共に，参加者の90％以上が第3希望までに配属できたそうです．

　G-Sアルゴリズムは，アメリカ合衆国では，ずっと以前から臨床医の病院への配属に使われていたと聞きますので，日本も追従した使用し始めたのでしょう．

　研究者によって考案された公平性のあるアルゴリズムが現実の社会に受け入れられ，かつ皆の満足度の高い結果を生み出したことは，理論と応用のバランスを考えている研究者にとってこの上ない喜びであります．

【参考】　[1]　歯科医師臨床研修マッチング協議会　http://www.drmp.jp/
　　　　　[2]　日本医師臨床研修マッチング協議会　http://www.jrmp.jp/

第11章 数式で表し問題解決
数理計画

数理計画とは「与えられた条件を満たすものの中で，最も良いものを見つけなさい」という種類の問題の総称，あるいはその問題を解くことです．

　具体的な話に入る前に，数理計画の例をちょっと見ておきましょう．イメージがないと理解しにくいと思いますので，まずはイメージ作りです．
　最近の車には，ナビゲーションシステムが積まれていて，現在地から目的地までのルートを教えてくれます．だいたいのナビでは，ルートを探すことを「検索」と呼んでいますが，よくよく考えると，これは検索ではないですね．何でもいいから，到着する方法を示してくれているわけではなく，「なるべく時間のかからないルート」を見つけてくれるのですから．つまり，ナビゲーションシステムは「現在地と目的地を結ぶような，道の組合せ（ルート）の中で，最も所要時間の短いものを見つけなさい」という数理計画を解いているのです．
　他の例も見てみましょう．学校の時間割を作る，という作業を考えます．時間割は「各時間のコマに授業を割当てる」ことを，すべてのクラスについて行うものです．しかし，どんな割当て方でもいいわけではなく，同じ先生が2つ以上のクラスで同時に授業をすることはできませんし，体育館や理科室は，同時に2クラス以上が使うと大変なことになります．「1人の先生は同時に2つ

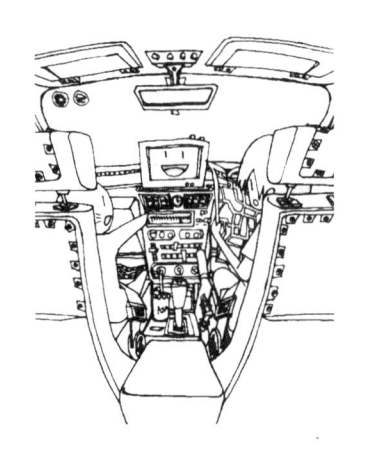

以上のクラスを教えないこと」「1つの教室は同時に2つ以上のクラスが使用しないこと」という条件が付きます．それぞれの学校には様々な条件が付くでしょう．この他，「体育の時間は水泳があるので，なるべく気温が高い午後がいい」とか，「理科の実験は，機材を出したりしまったりすると面倒なので，なるべく同じ学年の授業が連続していて欲しい」などの，なるべくならかなえて欲しい条件があります．つまり，時間割作りとは「条件を満たすような」「授業の割り当てで」「できればかなえて欲しい条件を最も多く満たすもの」を見つける数理計画なのです．

　この他にも，世の中には「一番良いものを見つけよう」という問題に取り組んでいる人はたくさんいて，例えば，車のデザイナーは「製造可能なものの中で最も良いデザインを見つける問題」に取り組んでいる，会社の社長さんは「法律を破らずに一番儲かる方法を見つける問題」に取り組んでいる，などと考えられますね．これらの問題を何とかして（この何とか，というところが難しいのですが）コンピューターの計算で支援しよう，というのが数理計画なのです．

数理計画の研究は，第2次世界大戦の頃に始まりました．アメリカ軍が，前線に部隊や物資を送るのに，どのようにしたらコストや時間がかからないか，といった作戦立案をするのに使われたのが最初だと言われています．終戦後は，会社の経営や，工場の生産計画など，経済的な分野にも使えることがわかって，それからは，様々な研究が行われてきています．今ではいろいろな問題が数理計画で解けることがわかっています．

　こう言ってしまうと，数理計画は世の中の何にでも使えるものすごいものであるような気がしますが，実際はそうではありません．数理計画で取り扱えるものは，「数理的に扱える条件」の中で「数理的に表現できる評価」を最も良くする「数理的なもの」を見つける，という問題だけです．「最も儲かる」という評価は，金額で表せますから，数理的な評価となりますが，「最も良いデザイン」は，かっこいいこと，あるいはおしゃれなこと，と考えても，数理的にはうまく表現できません．条件の方も同じで，「製造可能」「法律を破らない」は数理的に表現するのは，たぶんできないでしょうし，「デザイン」「儲かる方法」などというものも，数理的に表現するのは難しいでしょう．

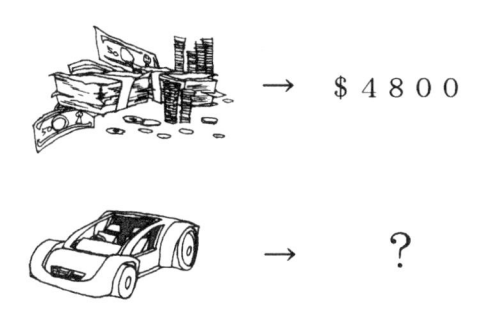

　　　　　　　　　→　　$4800

　　　　　　　　　→　　　？

　こうなると気分は一転，数理計画とは数学屋さんしか使わないようなもの，という気分になってきます．ですが，世の中そうきっぱり分かれるものでもなくて，普通の人が出会うような問題でも，数理計画として扱えるものがたくさんあるのです．上の例でのナビゲーションシステムは「目的地まで最短時間で行ける道順を探す問題」を解いています．到着時間は，時間ですから，数理的に扱えますし，道順は，通過する道の組合せですから，数理的なものです．実際に道を走るときは，信号で止まったり工事をしていたりで，どの道を通るとどれほどの時間がかかるか，正確にはわかりませんが，少々の誤差を許しても

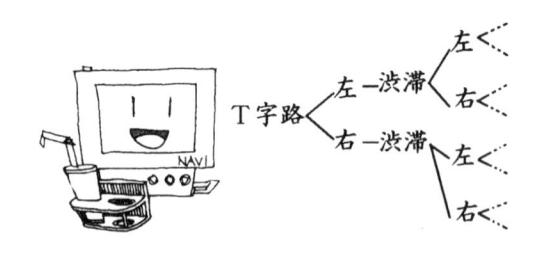

らえるなら，ルートさえ決まればだいたいの所用時間はわかりますよね．あと「高速道路は通らないで欲しい」「狭い道は通らないで欲しい」というような条件も，数理的な表現ができるわけです．

では，「数理的に表せる」とはいったい何なのでしょうか．まず「数理的に表せるもの」つまり「数理的に表現できる解」をあげてみると，例えば

- 作る／作らない，買う／買わない，などの選択肢．
- 距離，時間などの数値，およびその組合せ．
- 10個のものから3個を選ぶ，現在地から目的地までのルートになる道の組合せ，などの組合せ．

などです．これらの解は，一言でいえば，いくつかの数値の集まりで表せるもの，と考えていいでしょう．つまり，数字の並びです．数字の並び自体には全然意味はないのですが，例えば，「1番目の数字は仕事にかかる時間」とか，「2番目の数字が1なら，1組の1時間目に英語を割り当てる」というようにルールを決めておけば，数字の並びと解がちゃんと対応します．問題の説明をするときに1番目の数字，2番目の数字，とよぶのは大変なので，数理計画の

1 → 仕事にかかる時間
2 → 仕事にかかる費用
3 → 仕事にかかる人数
⋮   ⋮

言葉では，これらの数字を**変数**という言葉でよんでいます．変数は，なんらかの数が1つ入るもの，です．なので，不特定の解を表すときは変数の集合で表し，実際の解を表すときは，数字の並び，あるいは，各変数に数字を代入したものだとします．

次に，「解の良さが数理的に表現できる」ものを説明しましょう．これらは
- 予算・時間などの数量・個数．
- 満たして欲しい制約条件をいくつ満たしているか．

などがあります．簡単に言えば，解の良さを点数，つまり数値で表せるもの，ということです．数理計画では，歴史的にこの関数を**目的関数**とよんでいますので，この本でも解の良さを表すものを目的関数とよびます．数理計画はコンピューターで解きたいので，どの解に対しても，その目的関数の値が計算できる，あるいはデータとして与えられている必要があります．車のデザインから，そのかっこ良さを数値的な計算ではじき出すのは，たぶん無理でしょうし，かっこ良さの尺度は人によって違うので，「かっこ良さを数値で表す」のは難しいでしょう．逆に，仕事のコストや時間などは，「これを買うといくらかかるか」「これをやるには何時間かかるか」といった具体的なデータさえ与えられていれば，何をどれだけ買うか，するか，さえわかれば計算できます．ですので，時間やコストは数理的に表せるわけです．さきほどの時間割の問題でも「かなえて欲しい条件をいくつかなえているか」という指標は，数値で表せます．

第11章　数式で表し問題解決 ────── 141

最後に「数理的に表せる条件」ですが，これは，

- 予算はいくらまで，というような，数量・総数の上限／下限の制約．
- あれとこれは同時に選べない，あれを選んだらこれも選ぶ必要がある，などの組合せ的な制約．
- これらが成り立つなら，こうなっていること，という論理式の制約．

といったものが該当します．これも，簡単に言えば，「条件を不等式や論理式で表せること」です．例えば，「解の1番目の数字と2番目の数字の合計は100以下」「解の1番目の数字が1になるか，2番目の数字が2になること」というような条件です．1番目の数をx_1，2番目の数をx_2とすると，「$x_1+x_2 \leq 100$」「$x_1=1$ or $x_2=2$」という不等式になります．求める解はこれらの方程式を満たすこと，というのが，数理的に表した条件になるのです．数理計画では，条件のことを**制約条件**とよびます．この本でも，数理計画に現れる条件は制約条件と呼びます．

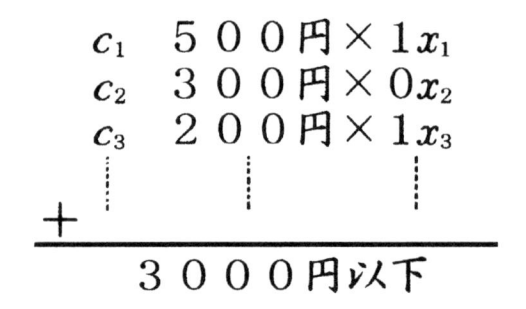

$$
\begin{array}{r}
c_1 \quad 500円 \times 1x_1 \\
c_2 \quad 300円 \times 0x_2 \\
c_3 \quad 200円 \times 1x_3 \\
\vdots \quad\quad\vdots\quad\quad\vdots \\
+ \quad\quad\quad\quad\quad\quad\quad \\
\hline
3000円以下 \quad\quad
\end{array}
$$

具体的な例を，ナビゲーションシステムで見てみましょう．例えば条件として，「混雑している道は通らない」というものを考えます．最近のナビゲーションシステムは，混雑している道の情報を入手できますから，どの道が混んでいるかの情報は分かります．ですので，各道jに対して，「その道jを通るなら1，通らないなら0となる変数x_j」を考えると，「混雑している道を通らない」という条件は，「$x_j=0$」という条件になります．次に「有料道路を通る料金が3000円以下になること」という条件を考えましょう．各道路jを通る料金をc_jとします（タダで通れる一般道に対しては，c_jを0に設定します）．まず，道路jに関する料金だけ考えましょう．道路jを通ると通貨量c_jを払うわけですから，$x_j=1$ならばc_jお金を払い，$x_j=0$ならばお金は払わないわけです．

つまり，$c_j \times x_j$ だけ，お金を払っているわけです．
つまり，有料道路通過にかかる料金の合計は，すべての道に対してこの $c_j \times x_j$ を足せば求められます．ですので，「それらの合計が 3000 円以下」という不等式を考えれば，数理的に表現できるのです．

一般的に，数理計画は，

  目的：○○○○○の最大化（最小化）

  条件：○○○○○

     ○○○○○

     ○○○○○

という形で書く，という慣わしがあります．例えば，動的計画の章で出てくるナップサック問題（重さ b kg まで詰め込めるナップサックに，重さが a_1, a_2, a_3, …, a_n kg である荷物を詰め込んで，荷物の値段 c_1, c_2, c_3, …, c_n の合計が最大になるようにしなさいという問題）の 1 例をこのフォームで書くと，以下のようになります．

  目的：$100x_1 + 200x_2 + 400x_3$ の最大化

  条件：$30x_1 + 40x_2 + 50x_3 \leqq 80$

     x_1, x_2, x_3 は 0 か 1

どんな問題でも，このように書く，という文化があるおかげで，数理計画をソフトに解かせるにしても，他人に説明するにしても，同じような説明の仕方をすればよいので，このように共通の書き方をすることになっているのです．

11.1 数理計画いろいろ

数理計画にはいろいろな問題があります．中には解きやすい問題もありますし，解きにくい問題もあります．簡単でいい構造をもった条件だけからなる問題は速く解けますし，逆にいろいろな種類の条件が入ってくると，それほど簡単には解けません．ですので，「簡単に解ける問題は，どういった特徴があるのだろう」「難しい問題は，どういう特徴があるのだろう」という研究が行われてきていて，ある程度「こういう問題は解きやすくて，こういう問題は解きにくい」ということがわかってきています．そして，いろいろな問題に対して，

どのように解けば簡単に解けるか，という解き方（**解法**（algorithm）といいます）も研究されています．そこで「有名な問題，簡単に解ける問題」はどんなものがあるか，解説をしましょう．

　数理計画の中でも，比較的簡単に解けるもの，として有名なのが，**線形計画**（linear programming）です．比較的いろんな場面で使えて，パソコンで解けば，変数や条件が多い問題でも素早く解けます．線形計画は，数理計画の中でも基本中の基本ですので，この本でも，1つ専門の章を用意しました．ここでは簡単な解説だけしましょう．

　線形計画は，目的関数と制約条件がすべて**線形の式**になっているものです．例を挙げると

- $100x_1 + 200x_2 + 400x_3$ を最大にするような，実数 x_1, x_2, x_3 の組を見つけなさい．ただし，$x_1 + x_2 + x_3 \leq 10$ と $x_1 \geq 0$ と $x_2 + x_3 \leq 5$ を満たすこと．
- c_1, c_2, $\cdots$, c_n と a_1, a_2, $\cdots$, a_n が与えられたときに，$c_1 x_1 + c_2 x_2 + \cdots + c_n x_n$ を最小にするような，実数 x_1, x_2, $\cdots$, x_n の組を見つけなさい．ただし，$a_1 x_1 + a_2 x_2 + \cdots + a_n x_n \geq b$ を満たすこと．

といった問題です．これらの例に出てきた式を見てください．どの式も，「○×○＋○×○＋…＋○×○」の形をしていて，しかも，○×○の片方の○にしか，値を決める変数（例では x_1 とか x_2）が入っていません．こういった式を線形の式とよびます．目的関数と制約式が，すべて「線形の式」で，値を決める変数が実数であるような，そんな数理計画を「線形計画」とよぶのです．

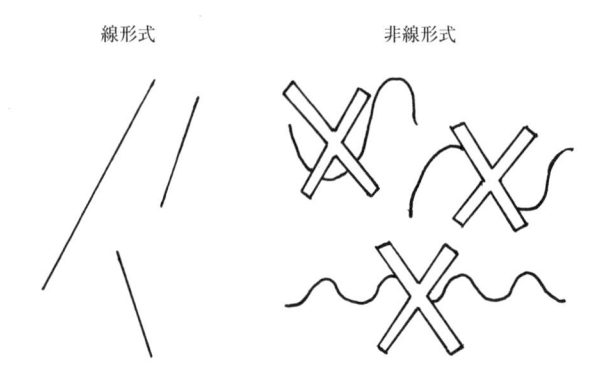

線形式　　　　　非線形式

線形計画は,「ある解から出発して,解が良くなる方向に解をなめらかに変更していくと,必ず最適解に到達する」という,とても良い性質があります.これは,数理計画問題一般には成り立ちません.一般的には,「最適解ではないところでつっかえるかもしれない」のです.この良い性質を使って線形計画を解く解法がいくつか発明されています.有名なのは,**単体法**（simplex method）と**内点法**（interior point method）です.単体法は,1947 年に G. B. Dantzig 氏によって,内点法は 1967 年に I. I. Dikin 氏によって発明されました.その後も研究が進み,今では彼らのオリジナルよりもはるかに高速化がなされています.直感的には,問題の大きさが 2 倍になると,計算時間は 4 〜 8 倍に増えるようになります.

　これらの解法はなかなか優秀です.コンピューターソフトがいくつか作られていて,「変数が 1 万で,制約条件が 1 万個」といったとても大きな問題でさえ,10 分ぐらいで解いてしまいます.日常生活で現れる線形計画問題は,だいたい変数も制約条件も数 10 がいいところ,会社などの大きな組織でも,だいたいは何千何万程度ですので,だいたいの問題は解けてしまうのです.ただ,最近はインターネットの活躍で,電子情報がたくさん集められるようになり,100 万規模以上の大きな問題もちょくちょく現れるようになりました.これらの問題をどういう方法でどうやって解くかは,今後の課題です.

　線形計画ではない問題は,一般的に**非線形計画**と呼ばれます.だいたいの非線形計画は,解くのが難しく,問題が大きくなると爆発的に計算時間がかかるようになるため,変数が 100 くらいの問題でも,最適解を求めるにはかなりの時間がかかります.ですが,非線形計画の中にも,いくつか解きやすい問題があります.その 1 つが**凸 2 次計画**とよばれる問題です.

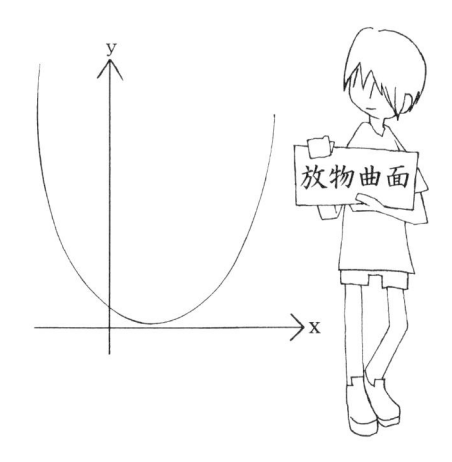

線形計画が線形の式だけで作られているように，凸2次計画は線形の式と2次式だけで作られています．2次式とは，「$100 \times x_1 \times x_1 + 20 \times x_1 \times x_2 + 30 \times x_3 \times x_4$」のように，○×○×○＋○×○×○＋…（あるいは○×○でも良い）という形をしていて，それぞれの「○×○×○」の中に，決めるべき変数 x_1, x_2, …, x_n が2つまでしか入らない，というものです．この条件だけですと，**2次計画**と呼ばれる問題になるのですが，それにもう一つ，各式が「凸である」という条件を満たす場合，凸2次計画になります．「凸である」という条件は，簡単には説明しにくいのですが，直感的に説明すれば，図の放物線のような形をした式である，ということになります．例えば，

- $100 \times x_1 \times x_1 + 200 \times x_1 \times x_2 + 100 \times x_2 \times x_2$ を最小にするような実数の組 x_1, x_2 を見つけなさい．ただし，$10 \times x_1 + 40 \times x_2 \geqq 20$ と，$4 \times x_1 \times x_1 + 6 \times x_1 \times x_2 + 9 \times x_2 \times x_2 + 10 \times x_1 - 4 \times x_2 \leqq 50$ という式を満たすこと．

という問題が凸2次計画になります．「…＋○×○×○＋…」の部分には，決めるべき変数（x_1, x_2）が2つしか入っていません．

凸2次計画も，線形計画と同じように「ある解から出発して，解が良くなる方向に解をなめらかに変更していくと，必ず最適解に到達する」という性質があります．ですので，「最初に見つけた解から，解が良くなる方向に次々に解を変更していく」という，**最急降下法**と呼ばれる解法で，線形計画ほどではないですが，それなりに短い時間で解けます．最近のソフトは，10分ほどで変数や制約が500くらいの問題を解けます．

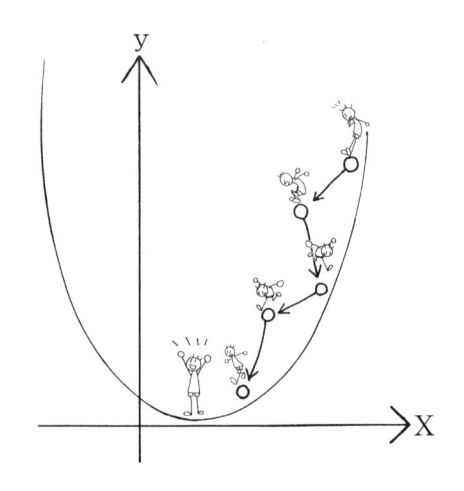

11.2 まとめと参考文献

この章では，与えられた制約を満たす，数理的な解の中で，最も評価値（目的関数）が良いものを見つける問題が数理計画であるということを説明して，どのようなところに数理計画が使えるのかと言うことを大まかに説明しました．さらに，数理計画の中には，線形計画，凸2次計画，組合せ最適化などの問題があり，線形計画が速く解け，凸2次計画がそれなりに速く解け，そのほかの問題では，最適解を求めるのに時間がかかること，近似解法ならば，時間をかけずに解けることを説明しました．最後に，数理計画が使われるような問題例と，参考文献を紹介しましょう．

- **(生産計画)** いくつかの国に工場を持つメーカーが，生産コストをなるべく低くしよう，というときに出会う問題です．それぞれの工場の生産数と，それぞれの工場から輸出するマーケットの組合せで，最も（生産コスト）+（輸送コスト）が低いものを見つける問題です．制約条件は，工場の生産数の上下限，輸送量の上限，などです．

- **(ポートフォリオ問題)** 資産を安全に運用したい人が出会う問題です．いくつかの株について，今後の値動きの期待値と分散がわかっているときに，期待値は大きく，分散が小さい（＝危険が少ない）株の買い方を見つけようという問題です．制約条件は，予算，資産の分散（危険度），値上がり幅の期待値，などになります．

- **(ネットワークデザイン問題)** 性能の良いコンピューターのネットワークを作りたい人が出会う問題です．事故が起こって一部が壊れても，ちゃんと通信ができるような条件を満たしていること，コンピューター同士の通信容量が十分あること，という条件の下で，最もコストがかからないネットワークのデザインを見つける問題です．

- **(スケジューリング問題)** 仕事をたくさんかかえる人が出会う問題です．いろいろな作業があって，それらの作業をどういう順番で行えば，最も早く作業が終わるか，あるいはそれぞれの作業を期限内に終わらせられるか，という問題です．人一人の仕事のスケジュールを決めるのにも使えるのですが，何人かで共同作業をするプロジェクトのスケジュールを決めるときなどに，威力を発揮します．制約は，納期，仕事できる期間，

作業をするときに，人材や機材などを必要数確保できること，順番通りにしなければならない仕事は，順番通りにすること，などです．

- 今野浩『数理決定法入門—キャンパスのOR』朝倉書店（1992）
  いくつかの現実の問題のモデル化と解法を詳しく解説．大学生向け．
- 茨木俊秀・福島雅夫『最適化の手法』共立出版（1993）
  数理計画の解法一般についての解説．大学4年程度向け．
- 岡部篤行・鈴木敦夫『最適配置の数理』朝倉書店（1992）
  幾何学的な手法を用いて施設を最適に配置する問題を解く手法を解説．
- 今野浩・山下浩『非線形計画法』日科技連（1978）
  非線形計画法の性質と解法の解説．
- 久保幹雄『組合せ最適化とアルゴリズム』共立出版（2000）
  組合せ最適化・ネットワーク計画・線形計画の解法についての，比較的やさしい解説．高校生程度向け．
- 久保幹雄『ロジスティック工学』朝倉書店（2001）
  施設配置・在庫管理・生産計画のモデルと解法の解説．大学4年程度向け．
- 今野浩・鈴木久敏編『整数計画法と組合せ最適化』日科技連（1982）
  非線形計画法をベースとして，組合せ最適化を解説．大学4年程度向け．
- 今野浩『理財工学Ⅰ・Ⅱ』日科技連（1995，1998）
  金融工学の専門書．各問題のモデル化，解法の解説．大学4年程度向け．
- 久保幹雄・田村明久・松井知己編『応用数理計画ハンドブック』朝倉書店（2002）
  数理計画一般を解説した百科事典のような本．数理計画を実際に使用，あるいは研究している人向け．

ころころコラム

なんで「計画」なの？

「計画」というとなんか変な感じですが，これは，英語の「mathematical programming」の訳を使っているからです．プログラムというと，コンピューターのプログラムとか，式典のプログラムなどを思い起こしますが，この場合は少々意味合いが違って，「手順を追って物事を行っていくこと」です．数理計画は，方程式を解くように式を代入すれば解けるものではなく，コンピューターのプログラムのように複雑な操作を何回も繰返して解いていくものなので，このような名前が付いているのです．

第12章 仕事の効率を高める
線形計画

　線形計画（linear programming）とは与えられた**線形の不等式**（**1次不等式**ともいいます）を満たすような変数の組の中で，ある関数値を最小（最大）にするものを見つける問題です．この章では，線形計画の基本，線形計画問題の求解時間，および各種の問題を，線形計画を使って解く方法を解説します．まずは線形計画の簡単な例を見てみましょう．

12.1　アイス増産計画

> ■例題 12.1　アイス生産問題
> アイス屋さんが，エスプレッソアイス，ラズベリーアイス，2種類のアイスの生産を計画しています．しかし，材料の牛乳は 8000 cc，作業時間はのべ 360 分という制限があり，好きな分量だけ作れるわけではありません．それぞれのアイスに使う牛乳とかかる手間がこのようになっているとき，儲けを最大にする増産計画はどのようになるでしょうか？
>
> | | 牛乳 | 作業時間 | 儲け |
> | --- | --- | --- | --- |
> | エスプレッソアイス | 100 cc | 7 分 | 250 円 |
> | ラズベリーアイス | 150 cc | 5 分 | 300 円 |

　まず，アイス生産問題の目的と条件を整理してみましょう．

> 目的：儲けを最大化するアイスの生産量を求めたい
> 変数：各アイスの生産量
> 条件：使う牛乳は 8000 cc 以下
> 　　　作業時間は 360 分以下

この問題は各アイスの生産数が知りたいわけですね．ですから，エスプレッソアイスの生産個数を x_1，ラズベリーアイスの生産個数を x_2 として，儲けを最大にする変数の値を求める問題を考えます．各アイス1つに付き250円，300円儲かるので，各生産数を x_1, x_2 としたときの儲けは，

$$250x_1 + 300x_2 \text{（円）}$$

となります．これを最大にしたいので，これが目的関数ですね．エスプレッソアイス・ラズベリーアイスは，牛乳を100 cc，150 cc 使いますので，各生産数を x_1, x_2 としたときに使う牛乳の量は

$$100x_1 + 150x_2 \text{（cc）}$$

となります．牛乳は全部で8000 cc しかないので，制約条件として，

$$100x_1 + 150x_2 \leqq 8000 \quad \text{（牛乳の制約）}$$

という条件が出てきます．これが使う牛乳の制約です．同じように作業時間について，

$$7x_1 + 5x_2 \leqq 360 \quad \text{（作業時間の制約）}$$

という制約条件がでてきます．あと，「生産数がマイナス」というおかしな答えが出てこないように，

$$x_1 \geqq 0, \quad x_2 \geqq 0 \quad \text{（生産数の制約）}$$

を付け加えましょう．これらをまとめると，

> 目的：$250x_1 + 300x_2$ の最大化
> 条件：$100x_1 + 150x_2 \leqq 8000$ 　　　（牛乳の制約）
> 　　　$7x_1 + 5x_2 \leqq 360$ 　　　　　　（作業時間の制約）
> 　　　$x_1, x_2 \geqq 0$ 　　　　　　　　　（生産個数の制約）

という数理計画の問題ができます．例の問題の式は，どれも，○○+○○+…+○○という形をしていて，○○の中には，7 や 150 などの与えられた数値が1つと x_1 や x_n などの変数が1つ入ります．さらに，2乗や sin などの関数もありません．このような式は**線形**（あるいは**1次**）であるといいます．このように，線形の不等式・等式を満たす変数の組で，線形の目的関数を最大・最小にするものを見つける問題を**線形計画問題**といいます．変数を使って一般的に書くと，このようになります．

> **線形計画**
>
> 与えられた数 $a_{11}, \cdots, a_{mn}$ と $b_1, \cdots, b_m$ と $c_1, \cdots, c_n$ に対して
>
> $$a_{11}x_1 + a_{12}x_2 + \cdots + a_{1n}x_n \leqq b_1$$
>
> （$\leqq$ は $=$ や $\geqq$ でもよい）
>
> $$a_{21}x_1 + a_{22}x_2 + \cdots + a_{2n}x_n \leqq b_2$$
>
> ……
>
> $$a_{m1}x_1 + a_{m2}x_2 + \cdots + a_{mn}x_n \leqq b_m$$
>
> の各条件をすべて満たす変数 $x_1, \cdots, x_n$ の組の中で $c_1x_1 + c_2x_2 + \cdots + c_nx_n$ の値が最小（あるいは最大）なものを見つける問題

　線形計画は，$c_1x_1 + c_2x_2 + \cdots + c_nx_n$ が最小なものを見つけることが目的なので，$c_1x_1 + c_2x_2 + \cdots + c_nx_n$ を **目的関数** とよびます．また，$a_{11}x_1 + a_{12}x_2 + \cdots + a_{1n}x_n \leqq b_1$ などの各等式・不等式を **制約条件**（または **制約式**）とよびます．制約条件をすべて満たしている $x_1, \cdots, x_n$ の組を **実行可能解**，1つでも満たしていなければ **実行不能解** とよびます．目的関数を最も小さくする実行可能解，つまり線形計画で求める解を **最適解** とよびます．

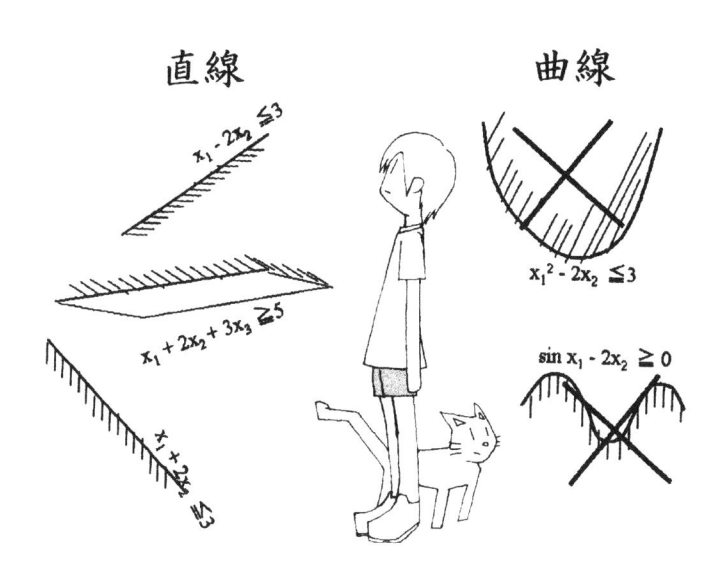

第12章　仕事の効率を高める

12.2　線形計画の問題を解く方法

　線形計画は数理計画の中でも良く研究され良く使われています．理由は，変数の数が多い問題でも短時間で解けることと，いろいろな場面で線形計画の問題が現れることです．また，数学的にも良い性質をいくつも持っていますし，その性質を使って，他の数理計画の問題が解析されています．ですので，線形計画は数理計画の中でも基本中の基本，と言っても過言ではないでしょう．

　線形計画は，「ある実行可能解から出発して，解が良くなる方向に解をなめらかに変更していくと，必ず最適解に到達する」という，とても良い性質があります．これは，数理計画問題一般には成り立ちません．一般的には，「最適解ではないところでつっかえてしまうかもしれない」のです．この良い性質を使って線形計画を解く解法がいくつか発明されています．有名なのは，**単体法**（simplex method）と**内点法**（interior point method）です．単体法は，1947年に，G. B. Dantzig 氏によって，内点法は1967年に I. I. Dikin 氏によって発明されました．その後も研究が進み，今では彼らのオリジナルよりもはるかに高速化がなされています．

　単体法のアイディアは，実行可能解全体の領域の端の部分に沿って最適解を目指そう，というものです．端っこにいると，自分がどの制約条件のぎりぎりにいるかがわかるので，どちらのほうにどれだけ進んでいいかが楽にわかるの

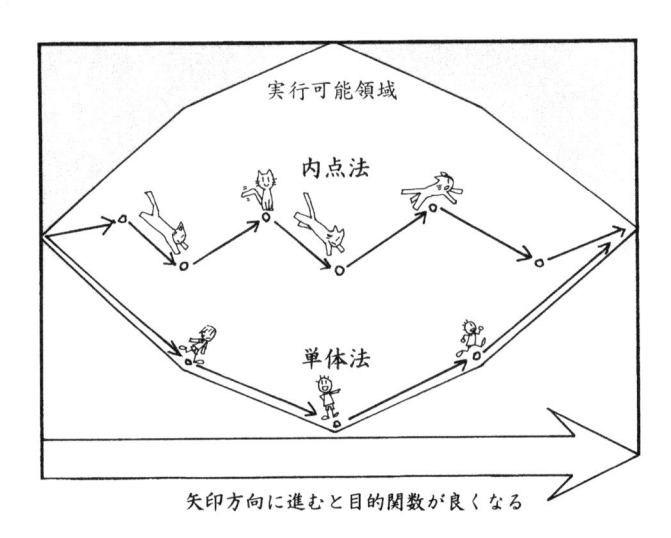

です．これとは逆に内点法のアイディアは，領域の真ん中を進もう，というものです．なるべく領域の端に近づかないよう，目的関数が良くなる方向に進むので，制約条件を破ることなく進んでいけるのです．

　これらの解法はなかなか優秀です．これらの解法を組み込んだコンピュータソフトが開発されていて，「変数が1万個，制約条件が1万個」といったとても大きな問題でさえ，パソコンで1時間もかけずに解いてしまいます．日常生活で現れる線形計画問題は，変数も制約条件も高々数10程度，会社などの大きな組織でも，たいていは何千何万程度ですので，ほとんどの問題は解けてしまうのです．ただ，最近はインターネットの活躍で，電子情報がたくさん集められるようになり，100万規模以上の大きな問題もちょくちょくと現れるようになりました．これらの問題を如何に解くかは，今後の研究上の課題です．

　線形計画を解く一番簡単な方法は，市販のソフトを使うこと，その次は単体法を手計算で行う方法です．ただし，アイス生産問題のように変数が2つしかなければ，下の図のように，問題を図に書き込んで解けます．下の図は，アイス生産問題を図示したもので，x軸がx_1，y軸がx_2に対応しています．では制約条件を満たすx_1とx_2は，図のどの範囲にあるのか，調べてみましょう．

　アイス生産問題の制約式は4本あります．それぞれを図に書き込んでみました．$100x_1 + 150x_2 \leq 8000$を満たす$(x_1, x_2)$は，①の線の左側になります．同じように，$7x_1 + 5x_2 \leq 360$を満たす点は②の線の左側，$x_1 \geq 0$を満たすものは③の右側，$x_2 \geq 0$を満たすものは，④の上側になります．そうすると，全部の条件を満たす点は，図の灰色になっている範囲になります（**実行可能領域**といいます）．

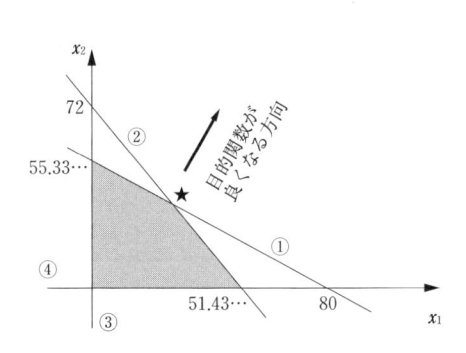

目的関数である $250x_1 + 300x_2$ は，図の矢印の方向に進むと，大きくなります．矢印の方向が下だと思って（本を反対にして見ればわかりやすいでしょう），一番低い点を探すと★印の付いている頂点が見つかります．そこが $250x_1 + 300x_2$ を最大にする点，つまり最適解になるのです．

12.3 バランス投資の問題とごみ運搬の問題

世にある線形計画の教科書を見てみると，線形計画で勉強することは，大きく2つあるようです．1つは現実の問題をどのように線形計画に直すか，というもの．もう1つは単体法とそれにまつわる数学的な性質を勉強するものです．だいたいの教科書では単体法の勉強に重点を置くのですが，きちんと説明しようとすると，20ページ以上かかってしまいます．この本はORの入り口を解説する本ですので，単体法については他の本に譲ることにします．

　ORで最も大切なことのひとつは，問題を上手に数理的に表現することです．線形計画に限って考えれば，いろいろな問題をいかにして線形計画の形で表現するか，ということになります．そのためには，線形計画で解ける問題をいくつも見ておき，その広がりをつかむことが重要でしょう．そこで，この章の残りでは，線形計画問題の簡単な例，および，線形計画で表現できる現実の問題を解説します．

■例題 12.2　バランス投資の問題
今1億円の資金を株の投資しようと思っています．銘柄の候補は3つあり，1年後の株価の予想があります．

	現在の株価	1年後の予測
A社	300 円	380 円
B社	400 円	450 円
C社	500 円	680 円

C社の株に全額つぎ込めば儲けは最大なのですが，それではもしものときのリスクがあまりにも大きいので，こんな制約をつけました．
- A社とC社は同じ業種なので，投資の合計を4000万以下にすること

- A社とB社はともに円高になると株価が下がるので，投資の合計は6000万以下にすること

この条件を守って，儲けを最大にするように株を買うにはどうすればいいでしょうか．

　A社，B社，C社の株の購入数をそれぞれ x_1, x_2, x_3 とします．目的関数は儲けなので，1年後の予測値から現在の株価を引いて，それに購入数をかけたものになります．

　　目的：$(380-300)x_1 + (450-400)x_2 + (680-500)x_3$ の最大化

予算が1億円なので，

　　$300x_1 + 400x_2 + 500x_3 \leq 100{,}000{,}000$ 　　（予算の制約）

という制約があります．また，2つのリスクの制約を守るため，

　　$300x_1 + 500x_3 \leq 40{,}000{,}000$

　　$300x_1 + 400x_2 \leq 60{,}000{,}000$

という条件が加わります．これに，株の購入数は0以上，という制約を加えると，以下の線形計画の問題ができ上がります．

> 目的：$(380-300)x_1 + (450-400)x_2 + (680-500)x_3$ の最大化
> 条件：$300x_1 + 400x_2 + 500x_3 \leq 100{,}000{,}000$ 　　（予算の制約）
> 　　　$300x_1 + 500x_3 \leq 40{,}000{,}000$ 　　（リスクの制約①）
> 　　　$300x_1 + 400x_2 \leq 60{,}000{,}000$ 　　（リスクの制約②）
> 　　　$x_1, x_2, x_3 \geq 0$

これを解けば，リスクの制約を守った最も儲けの多そうな投資方法がわかります．

■例題 12.3　ごみ運搬の問題

A町，B町では，それぞれ 900 kg，700 kg のごみを毎日 C 町の処理場に運んでいます．最近，公害問題で C 町が 1 日のごみ受け入れ量を 1000 kg に制限しました．そこで，D 町にも処理場を作りましたが，A 町からは 1 kg あたり 50 円，B 町からは 30 円の運搬費がかかります．さらに，B 町から C 町・D 町，A 町から D 町へのルートはある道を通るのですが，これが毎日渋滞して，1 日に合計 800 kg までしか運べません．運搬費を最小にするには，どの町のごみをどれくらいどの町の処理場に運べばいいでしょうか．

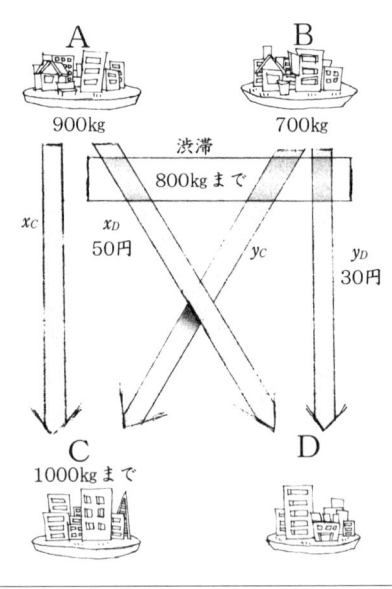

A町からC町，D町へのごみの運搬量を x_C, x_D とし，B町からC町，D町への運搬量を y_C, y_D とします．運搬費は

$$50x_D + 30y_D$$

となり，これを低く抑えることが目的なので，これが目的関数になります．C町の処理場の制約，渋滞の制約が，それぞれ

$x_C + y_C \leq 1000$　　　（C町の制約）

$x_D + y_C + y_D \leq 800$　　　（渋滞の制約）

となります．これに，A町とB町ごみは全部処理場に運搬しなければならない，

運搬量は 0 以上，という制約を加えると，このような線形計画の問題ができます．

> 目的：$50x_D + 30y_D$ の最小化
> 条件：$x_C + y_C \leqq 1000$　　　（C 町の制約）
> 　　　$x_D + y_C + y_D \leqq 800$　　（渋滞の制約）
> 　　　$x_C + x_D = 900$　　　　（A 町のごみの量の制約）
> 　　　$y_C + y_D = 700$　　　　（B 町のごみの量の制約）
> 　　　$x_C, x_D, y_C, y_D \geqq 0$　　　（運搬量 0 以上の制約）

これを解けば，最もコストのかからない運搬方法がわかります．

12.4　いろいろな問題を線形計画にして解こう

　ここまで解説してきたとおり，線形計画とは線形の式を扱う数理計画問題です．しかし，線形でない式に関しても，ものによっては上手な変換をすると線形の式になるものがあります．多少線形でない式が入っているからといっても，いつもあきらめなければならない，というわけではありません．このように線形に変換できるものはいくつかあるのですが，この章では**シナリオモデル**とよばれる，最小のものを最大にする目的関数の作り方と，絶対値を扱う方法について解説します．

　シナリオモデルは目的関数の変化に対応する方法です．アイス生産問題では，各アイスを作ったときの儲けが分かっていました．なので，一番良い計画を見つけることができました．しかし，材料費や売り上げの変化などで，将来の儲けが変化する場合はどうすればいいでしょう．1 つの作戦は「それほどたくさん儲からなくてもいいから，最悪の場合でもそれなりに儲かるようにする」というものです．例えば，将来的に，アイスの儲けが

　　　　　予測①　　　　　　予測②　　　　　　予測③
　　　アイス A300 円　　　アイス A100 円　　　アイス A200 円
　　　アイス B100 円　　　アイス B300 円　　　アイス B200 円

のどれかに変わるだろう，と予想が立っているとします．これらのどの予想が当たっても，それほど大損をしないようなアイスの生産数 x_1 と x_2 を求めるた

めには，それぞれの儲け $300x_1 + 100x_2$, $100x_1 + 300x_2$, $200x_1 + 200x_2$ の中で一番小さいものが，最も大きくなるような x_1 と x_2 の組を求める，つまりこの中の最小値を最大にすればいいでしょう．そのために，新しい変数 t を用意します．そして，

$t \leq 300x_1 + 100x_2$

$t \leq 100x_1 + 300x_2$

$t \leq 200x_1 + 200x_2$

という制約条件を付けましょう．すると，t は最悪の儲けよりも小さくなります．ということは，t を大きくできれば，最悪の儲けが大きくできるわけです．ですので，アイス生産問題にこれら3つの条件を付け加えて，t を最大にする問題を解けば，最適解の x_1 と x_2 が，状況が変化を考慮した場合の最適解になるのです．

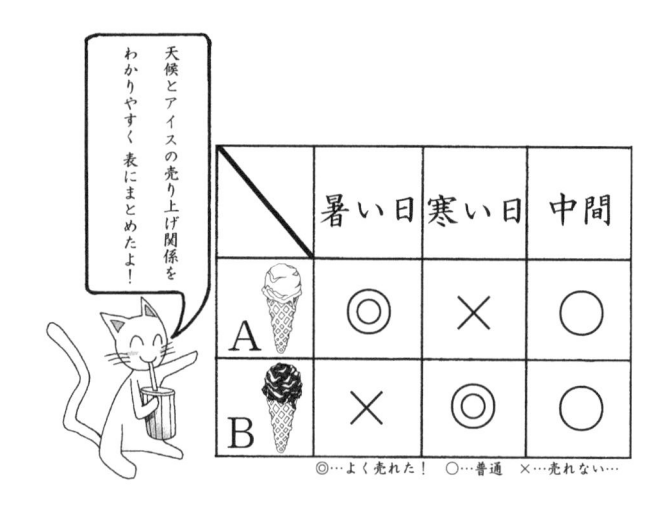

	暑い日	寒い日	中間
A	◎	×	○
B	×	◎	○

◎…よく売れた！　○…普通　×…売れない…

次に，目的関数や制約条件に絶対値が入っている問題を線形計画になおす方法を説明します．制約式に絶対値が入っている問題は，線形計画ではありません．しかし，

$|100x_1 - 200x_2| + |30x_3| \leq 20$

のように，絶対値が左辺にしか入っていない $\leq$ の式であれば，新しい変数を使って，線形計画になおすことができます．まず，$|100x_1 - 200x_2|$ の項をなおしましょう．新しい変数 t_1 を用意して，

$100x_1 - 200x_2 \leq t_1$

$-(100x_1 - 200x_2) \leq t_1$

という制約条件を作ります．もし，$100x_1 - 200x_2$ がプラスなら $100x_1 - 200x_2 = |100x_1 - 200x_2|$，マイナスなら $-(100x_1 - 200x_2) = |100x_1 - 200x_2|$ なので，この2つの式が同時に成り立つことと，

$|100x_1 - 200x_2| \leq t_1$

であることは，同じ意味を持ちます．ゆえに，最初の式は，

$100x_1 - 200x_2 \leq t_1$

$-(100x_1 - 200x_2) \leq t_1$

$t_1 + |30x_3| \leq 20$

という，3つの式が同時に成り立つことと同じになります．$|30x_3|$ の項についても新しい変数 t_2 を作って同じことを行うと，最初の不等式は，

$100x_1 - 200x_2 \leq t_1$

$-(100x_1 - 200x_2) \leq t_1$

$30x_3 \leq t_2$

$-30x_3 \leq t_2$

$t_1 + t_2 \leq 20$

という5つの式が同時に成り立つことと同じになります．ですので，最初の不等式をこの5つの式と入れ替えれば，絶対値の入った式を含む問題を，線形計画になおせるのです．同様に $|100x_1 - 200x_2| + |30x_3|$ のような絶対値を含む目的関数を最小化する問題も，

$100x_1 - 200x_2 \leq t_1$

$-(100x_1 - 200x_2) \leq t_1$

$30x_3 \leq t_2$

$-30x_3 \leq t_2$

という4つの式を制約式に加え，目的関数を

最小化 $t_1 + t_2$

と変更すれば，線形計画になおります．

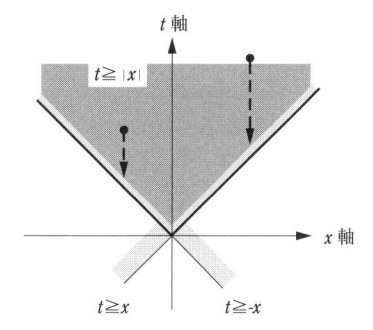

t を小さくしようとすると、x か $-x$ にぶつかる。

第12章　仕事の効率を高める ——— 161

絶対値が式に入っている問題を1つ紹介します．次の表はアイスの材料と今日の材料の在庫が示されています．材料は腐ってしまうので，今日中に全部使わなければなりません．今日は，「アイスAを40個，アイスBを30個，アイスCを20個作りたい」という目標があります．目標が達成できればいいのですが，できないときは，なるべく目標とのずれが少なくなるようにしたいと思います（作りすぎてもいいとします）．さて，この問題を線形計画で解くにはどのようにすればよいでしょうか？

	牛乳 (8000 cc)	蜜 (500 g)
アイスA	100 cc	5 g
アイスB	150 cc	10 g
アイスC	120 cc	6 g

アイスA，B，Cを作る個数をそれぞれ x_1, x_2, x_3 としましょう．材料表から

$$100x_1 + 150x_2 + 120x_3 = 8000$$
$$5x_1 + 10x_2 + 6x_3 = 500$$

という制約が出てきます．目的関数は，目標個数と実際に作る個数の差ですから，

最小化　$|40 - x_1| + |30 - x_2| + |20 - x_3|$

となります．これに，生産数は0以上，という条件を加えてまとめると，以下の数理計画問題ができます．

> 目的：$|40 - x_1| + |30 - x_2| + |20 - x_3|$ の最小化
> 条件：$100x_1 + 150x_2 + 120x_3 = 8000$
> 　　　$5x_1 + 10x_2 + 6x_3 = 500$
> 　　　$x_1, x_2, x_3 \geqq 0$

新しい変数 t_1, t_2, t_3 を用意して，先ほどの方法を使うと，この問題は以下の線形計画になります．この問題を解けば最適な計画が見つかるのです．

> 目的：$t_1 + t_2 + t_3$ の最小化
> 条件：$100x_1 + 150x_2 + 120x_3 = 8000$
> 　　　$5x_1 + 10x_2 + 6x_3 = 500$

$$x_1, x_2, x_3 \geq 0$$
$$t_1 \geq 40 - x_1, \quad t_1 \geq -(40 - x_1)$$
$$t_2 \geq 30 - x_2, \quad t_2 \geq -(30 - x_2)$$
$$t_3 \geq 20 - x_3, \quad t_3 \geq -(20 - x_3)$$

12.5 輸送問題でコスト削限

次は,「輸送問題」とよばれるネットワーク計画の一種を解説しましょう.この問題は,いくつかの工場からいくつかの小売店に物を運ぶときなどに,どのように運んだらもっとも安くすむか求める問題です.

■例題 12.4 輸送問題

工場と小売店があり,工場では品物を作り,小売店ではその品物を売っています.工場にはその工場の1日の生産数が,小売店には1日に必要な数が書いてあります.工場から小売店に品物を運ぶには,1個あたりいくらかの運送費がかかります.表は各工場から各小売店への運送費を示したものです.このような状況で,各小売店に必要数以上の品物を運送する,最も安いプランを作りなさい.

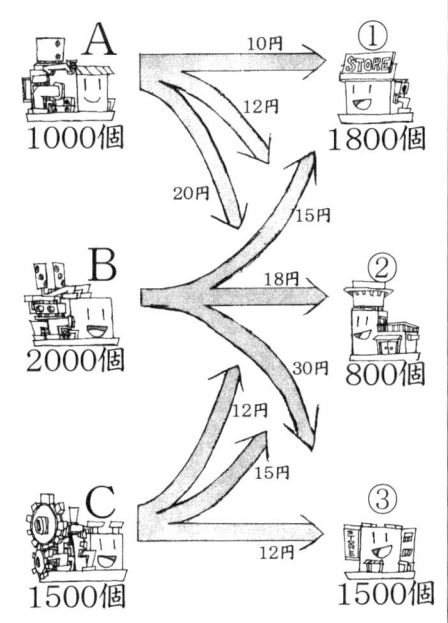

品物1つあたりの運送費	A工場	B工場	C工場
店1	10円	15円	12円
店2	12円	18円	15円
店3	20円	30円	12円

さて，この輸送問題を線形計画で表現する方法を考えましょう．まず，何を決める問題だったかを思い出してみます．輸送問題は，それぞれの工場からそれぞれの小売店までどのように品物を運ぶか，という問題でした．ですので，図のように，各工場から各小売店への運搬ルートで運ぶ数を変数としましょう．例えば，工場Aから店1へはx_{A1}のようにします．それぞれの運搬ルートには，運送費がかかります．運送費は「品物1個あたりいくら」なので，A工場から店1への運送料は$10x_{A1}$になります．なるべく総運送費を小さくしたいので，運送費の総和が小さくなればいいですね．ですので，目的関数は，

$10x_{A1} + 12x_{A2} + \cdots + 12x_{C3}$ の最小化

となります．さて，制約式を考えましょう．各運搬ルートの運送数は0以上なので，

$x_{A1} \geq 0$　　　（運送数の制約）

のように運送数が0以上という制約がつきます．他のルートについても同様です．A工場の出荷数は，A工場から出て行く運搬ルートの運送数の合計になります．これがA工場の生産数を超えてはいけないので，

$x_{A1} + x_{A2} + x_{A3} \leq 1000$　　　（生産数の制約）

という制約式が出てきます．他の工場についても同様です．店1への品物の搬入数は，小売店1にやってくる運搬ルートの運送数の合計です．必要数と搬入数が一致する必要があるので，

$x_{A1} + x_{B1} + x_{C1} = 1800$　　　（必要数の制約）

という制約式が出てきます．他の小売店も同様です．以上をまとめると，

> 目的：$10x_{A1} + 12x_{A2} + \cdots + 12x_{C3}$ の最小化
> 条件：$x_{A1} + x_{A2} + x_{A3} \leq 1000$　　　（生産数の制約）
> 　　　$x_{B1} + x_{B2} + x_{B3} \leq 2000$
> 　　　$x_{C1} + x_{C2} + x_{C3} \leq 1500$
> 　　　$x_{A1} + x_{B1} + x_{C1} = 1800$　　　（必要数の制約）
> 　　　$x_{A2} + x_{B2} + x_{C2} = 800$
> 　　　$x_{A3} + x_{B3} + x_{C3} = 1500$
> 　　　$x_{A1}, x_{A2}, \cdots, x_{C3} \geq 0$　　　（運送数の制約）

という線形計画問題になります．

一般的には，線形計画の問題の最適解は，整数ばかりが出てくるとは限りません．ですから，x_1 や x_2 に 0.5 や 4.7 といった小数が入った最適解が出てくる可能性があります．こうなると，「0.5 個の品物を運ぶ」ということになり，分割できない品物だと苦労します．ですが，輸送問題の場合，「制約式に出てくる数がすべて整数ならば，単体法で求めた最適解は必ず整数のみでできている」という良い性質があります．ですので，このような心配はいらないのです．

12.6　まとめ

　この章では，「線形の式」のみで作られた問題が線形計画であるいうこと，線形計画はパソコンのソフトで比較的速く解けることを解説しました．さらに，どのような問題が線形計画になるのか，どのようにすると問題を線形計画に直せるのかを説明しました．この本では，ページ数の都合から，線形計画のほんの一部の解説しかできていません．興味を持った方は，是非他の解説書を読んでください．

■　今野浩『線形計画法』日科技連（1987）
　　線形計画の基礎的な教科書です．単体法（シンプレックス法）の解説と，線形計画の数学的な性質が解説してあります．

演習問題

12.1　冷蔵庫を開けたら，豚肉 300 g，鶏肉 500 g，キャベツ 300 g，人参 300 g，椎茸 200 g がありました．あなたはこの材料で今日の夕食を作らなければなりません．作れるメニューは以下の通りで，100 g 作るのに必要な材料が書いてあります．

メニュー100 g あたりの分量	豚肉 (300 g)	鶏肉 (500 g)	キャベツ (300 g)	人参 (300 g)	椎茸 (200 g)
鳥のスープ		40 g		20 g	10 g
キャベツのスープ			30 g	20 g	20 g
鶏肉の炒め物		60 g		20 g	20 g
豚肉の炒め物	40 g		40 g	10 g	10 g

このメニューで，スープを 500 g 以上，炒め物を 500 g 以上作らなければなりません．どのような線形計画法の問題を作れば，この条件を満たすように，それぞれのメニューを作る量が求められるでしょうか．

12.2 エンジニアの S さんは，今からお客 A, B, C, D と順番に会わなければなりません．A さんは 10 分後に，B さんは 40 分後に，C さんは 70 分後に，D さんは 80 分後に会いたいと言っています．これより早すぎても遅すぎても，1 分につき，A, B, C さんは 10 円，D さんは 15 円の罰金を取られます．それぞれのお客さんとの会合は 25 分間かかりますので，そもそも罰金 0 円になるスケジュールはないのですが，罰金をなるべく少なくしたいと思います．さて罰金を最小にするように，それぞれの客との会合時間を決めるための，線形計画問題を作ってください．

12.3 次の数理計画の問題は，式に絶対値が入っていますので，そのままでは線形計画のソフトで解けません．この問題から絶対値を取りのぞき，同じ最適解を持つ線形計画を作ってください．

目的：$|3x_1 + x_2 - 8| + |x_3 - 5|$ の最小化
条件：$|2x_1 + 2x_2| \leq 6$
$x_1 + x_3 \leq 5$

12.4 変数がたくさんある数理計画の問題を解こうと思っています．この問題の制約条件と目的関数は線形なのですが，ひとつだけ「x_1 は 1 から 5 までの整数」という線形でない制約が入ってます．この条件さえなければ線形計画になります．今，手元には線形計画の問題を解くソフトしかありません．何とかして，線形計画のソフトだけを使ってこの問題を解きたいのですが，どのようにすればよいでしょうか．

ころころコラム

線形計画法ソフト

　アイス増産問題は変数が2つしかありませんでした．もし，アイスの種類が5とか6とかに増えると，変数も増えます．変数3つまでなら，図を書く方法でなんとかなりますが，4以上になると，もはや図で書くことはできません．試しに4次元の図を描いてみましたが，何がなんだかわからないですね．
（ひとつの4面体がひとつの制約式に対応しています．）

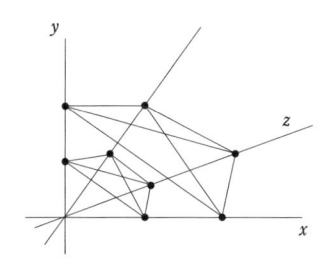

　単体法や内点法は，変数が多くなると解けない，ということはありません（時間はかかるようになりますが）．特に，単体法は，変数が5つくらいまでなら，手計算でもなんとかなります．しかし，それも変数が10くらいまでで，それ以上増えると，計算間違いも増えますし，なにより大変です．

　最近は，線形計画のソフトも増えてきました．性能の良いものはまだまだ高い（100万円くらい!!）のですが，時間がかかっても良いのであれば，たとえば，表計算ソフトExcelにも線形計画法を解く機能が付いています．大学のOR系の研究室では，卒論で単体法のプログラムを作ったりもしますので，OR系の出身者に聞けば，良い情報が得られるかもしれません．

第13章 うまいこと組合せる
組合せ最適化

　組合せ最適化は，条件を満たすものの組合せの中で最も良いものを見つけ出す問題です．この章では，例題を使って組合せ最適化はどのような問題か，その解法はどのようなものがあり，実際にどの程度の時間がかかるか，といった話題を解説します．組合せ最適化を解く方法である，分枝限定法と局所探索の仕組みと，すべての解を見つける列挙問題と，その他の組合せ最適化の問題についても解説します．まずは例題を見てみましょう．

13.1　儲かる福袋を作ろう

例題 13.1　福袋の問題

アイス屋さんが福袋を作ろうとしています．福袋に詰める商品の候補とその金額や儲けを表にまとめました．ただし，袋の詰め方には①から③までの条件があります．最も儲けが大きな詰め込み方（商品の組合せ）はどのようになるでしょうか．

品名	金額	重さ	儲け
1. バニラアイス	300	300	100
2. エスプレッソアイス	400	300	150
3. ラズベリーアイス	600	200	200
4. ストロベリーアイス	500	200	200
5. クッキー	600	400	300
6. ウエハース	400	200	100
7. ココナッツウエハース	500	100	150

条件①　アイスは2つか3つ入っていること
条件②　合計金額は2000円になること
条件③　総重量は700gから1000gの間であること

この福袋の問題は，

> 目的：儲けが最大になる商品の組合せを見つける
> 変数：商品の組合せ
> 条件：①から③を満たすこと

という問題になります．このように，条件を満たすようなものの組合せで最も良いものを見つける問題を組合せ最適化問題といいます．

> **組合せ最適化（組合せ最適化問題）：**
> 物の集合 E，条件，E の物の組合せに対する評価値が与えられたとき，条件をすべて満たす E の物の組合せ（E の部分集合）の中で，評価値が最も小さい，あるいは大きいものを見つけなさい，という問題．

儲けを最大にする仕事の組合せ，コストを最小にする出店計画，距離を最小にするネットワークのつなぎ方など，多くの実用問題が組合せ最適化になります．

13.2 数理計画ソフトで解く組合せ最適化

組合せ最適化問題を解く単純な方法は，組合せ最適化を線形計画の問題で変数を整数のみとした制約も扱う数理計画として表現して，数理計画を解くソフトに解かせる，というものです．そのためには，組合せを数値で表現して，数理計画の形に直す必要があります．では福袋の問題を例に，どのようにして式の形で表現するかを解説しましょう．

福袋に入れる商品は 7 種類．それぞれに変数 $x_1, x_2, \cdots, x_7$ を割当てましょう．各変数は，商品を福袋に入れるかどうかをあらわします．例えば，バニラアイスを福袋に入れるときは $x_1=1$ とし，入れないときは $x_1=0$ とすることにします．つまり x_1 は福袋に入れるバニラアイスの個数を示すことになります（最大でも 1 個しか入れませんが）．これで，すべての商品の組合せを 7 個の変数で表現できます．

各品物に 0 か 1 の変数を割り当てて組合せを表現する

福袋に入れる物 $\Rightarrow x_1, x_2, x_4, x_6 = 1$

福袋に入れない物 $\Rightarrow x_3, x_5, x_7 = 0$

　福袋の儲けは，中に入れた各商品の儲け合計になります．x_1 は入れるバニラアイスの個数ですから，バニラアイスに関する儲けは $100x_1$ になります．同様に他の商品についても儲けを求め，全部足すと，

$$100x_1 + 150x_2 + 200x_3 + 200x_4 + 300x_5 + 100x_6 + 150x_7$$

という式が出てきます．$x_1, \cdots, x_7$ に 0 か 1 を代入すると福袋の詰め方を決めると，各項が各商品に関する儲けになり，その合計が福袋全体の合計になるのです．よって，この式が目的関数になります．次に制約条件を考えましょう．まず，金額の条件ですが，これは儲けの合計と同じように，各商品に関する金額の合計を求め，それが 2000 円ちょうどであってほしいので，

$$300x_1 + 400x_2 + 600x_3 + 500x_4 + 600x_5 + 400x_6 + 500x_7 = 2000$$

という制約条件が出てきます．

福袋に入れる物 $\Rightarrow x_1, x_2, x_4, x_6 = 1$　　福袋に入れない物 $\Rightarrow x_3, x_5, x_7 = 0$

$x_1 = 1$　　$x_2 = 1$　　$x_4 = 1$　　$x_6 = 1$　　　　$x_3 = 0$　　$x_5 = 0$　　$x_7 = 0$
$300x_1 = 300$　$400x_2 = 400$　$500x_4 = 500$　$400x_6 = 400$　　$600x_3 = 0$　$600x_5 = 0$　$500x_7 = 0$

$300x_1 + 400x_2 + \cdots + 500x_7 =$ 入れる物の合計金額

第13章　うまいこと組合せる

重さについても，同じようにすればいいですね．

$$300x_1 + 300x_2 + 200x_3 + 200x_4 + 400x_5 + 200x_6 + 100x_7$$

が，$x_1, \cdots, x_7$ が表す組合せの重さになります．これが 700 g から 1000 g の間にあって欲しいのですから，

$$300x_1 + 300x_2 + 200x_3 + 200x_4 + 400x_5 + 200x_6 + 100x_7 \leqq 1000$$
$$300x_1 + 300x_2 + 200x_3 + 200x_4 + 400x_5 + 200x_6 + 100x_7 \geqq 700$$

という制約条件が出てきます．

あとは，アイスの条件です．アイスに対応する変数は $x_1, \cdots, x_4$ です．アイスは2つか3つしか入れないのですから，これらのうち2つ以上3つまでしか1にしてはいけない，ということですので，

$$x_1 + x_2 + x_3 + x_4 \leqq 3$$
$$x_1 + x_2 + x_3 + x_4 \geqq 2$$

という条件を満たせばいいですね．

長くなりましたが，以上3項目，5本の式を満たすような，$x_1, \cdots, x_7$ の組合せが，条件を満たした福袋の詰め合わせ方になり，その中で目的関数を最大にするものが，儲けを最大にする福袋の詰め合わせ方になるのです．以上をまとめると，このような数理計画ができ上がります．

目的：$100x_1 + 150x_2 + 200x_3 + 200x_4 + 300x_5 + 100x_6 + 150x_7$ の最大化

条件：$300x_1 + 400x_2 + 600x_3 + 500x_4 + 600x_5 + 400x_6 + 500x_7 = 2000$ （金額条件）

　　　$300x_1 + 300x_2 + 200x_3 + 200x_4 + 400x_5 + 200x_6 + 100x_7 \leqq 1000$（重さ条件）

　　　$300x_1 + 300x_2 + 200x_3 + 200x_4 + 400x_5 + 200x_6 + 100x_7 \geqq 700$（重さ条件）

　　　$x_1 + x_2 + x_3 + x_4 \leqq 3$　　　（アイスの個数条件）

　　　$x_1 + x_2 + x_3 + x_4 \geqq 2$　　　（アイスの個数条件）

　　　$x_1, x_2, x_3, x_4, x_5, x_6, x_7$ は0か1（組合せ最適化にするための条件）

この問題を解けば，儲けが最も大きい福袋の作り方が見つかるのです．

このように，組合せ最適化問題は，ものの組合せを「0または1のどちらかの値だけを取る」という条件のついた変数で表現すれば，数理計画の問題として書くことができます．変数を使って一般的に書くと，このようになります．

> **組合せ最適化（数理計画版）**
> 目的：$c_1x_1 + c_2x_2 + \cdots + c_nx_n$ の最大化（最小化）
> 条件：$a_{11}x_1 + a_{12}x_2 + \cdots + a_{1n}x_n \leqq b_1$
> 　　　（≦は，＝や≧でもよい）
> 　　　$a_{21}x_1 + a_{22}x_2 + \cdots + a_{2n}x_n \leqq b_2$
> 　　　　　　　　　　　$\vdots$
> 　　　$a_{m1}x_1 + a_{m2}x_2 + \cdots + a_{mn}x_n \leqq b_m$
> 　　　$x_1, x_2, \cdots, x_n$ は 0 か 1

　目的関数と制約条件はすべて線形の式（1次式，線形計画の章を参照）になっています．本来は線形の式でなくともよいのですが，ほとんどの組合せ最適化問題の制約条件・目的関数は線形ですし，変数を追加すれば，どのような式も線形の式に変形できるので，ここでは線形の式のみを書くことにしました．

13.3　組合せ最適化を解く方法いろいろ

　組合せ最適化は，一般にはそれほど簡単な物ではありません．むしろ，難しい問題です．福袋の問題は，品物が7種類しかないので，全部の組合せを調べても高々2の7乗個で128通り．コンピュータに計算させればたいしたものではありません．しかし，品物が1つ増えると組合せは2倍に増えるので，品物の数が100に増えれば，組合せの数は莫大になります．こうなると，すべての組合せをしらみつぶしで調べるには，最新のコンピュータでも100年以上かかります．1000や10000になったら，もう想像もできません．地球上のコンピュータを総動員しても，太陽系が終わるまでにすべての組合せを調べるのは無理でしょう．

　しかし，すべての組合せ最適化問題が解けない，というわけではありません．いくつか，大きな問題でも短時間で解け

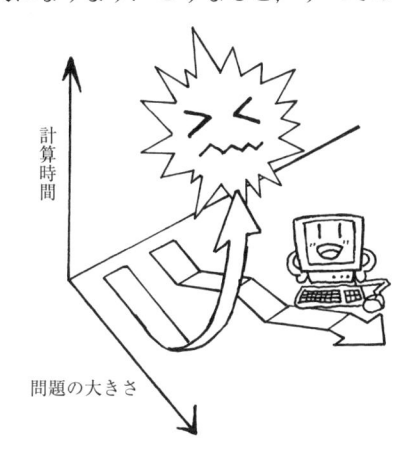

第13章　うまいこと組合せる ――― 173

るものもあります．例えばネットワーク計画の章で解説されている最短路問題・最小木問題，動的計画法の章で解説されているサブセットサム問題・ナップサック問題は，組合せ最適化問題の一種ですが，短時間で解けます．通常の問題でも，一般的な数理計画のソフトで解けば，すべての解をチェックするよりは，短時間で解けます．品物の数が50くらいまでは，それなりに時間はかかりますが，なんとか解けるでしょう．時間が足りなければ，今まで見つけた解の中で一番良いものを出してくれます．

　組合せ最適化は，数理計画の中でも現実的な問題が多く，解法の研究も進んでいます．組合せ最適化に特化した解法もいくつか研究されていて，それらを使えば，一般的な数理計画のソフトより短時間で解けるようになることもあります．だいたいですが，品物の数が100くらいまでは，なんとか解けるようです．この章では，代表的な解法である**分枝限定法**を解説します．品物の数が多い問題に対しては，「短時間でそれなりに良い解を見つける」という解法がいくつかあります．これらの解法は，解の精度保証がある（最適解の××％以内の解が見つかる，といったような）ものと，解の精度保証がないものに分類されます．当然，精度の保証があったほうがありがたいのですが，保証ができる問題は少ないこと，保証のために数多くの数学的な性質を用いたり，計算時間が増大したりすることから，実際には精度保証のないもののほうが良く使われているようです．この章では，精度保証のない解法の中でも代表的な**局所探索法**の解説をします．さらに，条件を満たす組合せをすべて列挙する**バックトラック法**の解説をします．

保証なし　　　　保証あり

13.4 場合分けを繰り返す：分枝限定法

分枝限定法は，問題を場合分けで分割していき，最適解を見つける方法です．福袋の問題を例にとって説明しましょう．商品の組合せを「バニラアイスを含む組合せ」と「バニラアイスを含まない組合せ」に，場合分けすると，もとの問題（福袋の問題）は

- バニラアイスを含む組合せで，①から③の条件を満たし，最も儲けが大きな詰め方を見つける問題
- バニラアイスを含まない組合せで，①から③の条件を満たし，最も儲けが大きな詰め方を見つける問題

の2つに分割できます．すべての組合せは，この2つの問題のどちらかに属します．ですので，この両者の最適解の良い方を持ってくれば，それがもとの問題の最適解になっているのです（学校で一番背の高い人を見つけたかったら，各クラスで最も背の高い人を見つけ，その人たちの中で最も背の高い人を見つければよい，という考え方です）．数理計画の問題としてとらえれば，「条件 $x_1 = 1$ を入れた問題」と，「条件 $x_1 = 0$ を入れた問題」を考えることになります．両方の問題とも，変数の値が1つ決まっているわけですから，それぞれの制約条件や目的関数に $x_1 = 1$，$x_1 = 0$ を代入してしまえばよいのです．

- $x_1 = 1$ を代入した問題

目的：$100 + 150x_2 + 200x_3 + 200x_4 + 300x_5 + 100x_6 + 150x_7$ の最大化

条件：$300 + 400x_2 + 600x_3 + 500x_4 + 600x_5 + 400x_6 + 500x_7 = 2000$ （金額条件）

$300 + 300x_2 + 200x_3 + 200x_4 + 400x_5 + 200x_6 + 100x_7 \leq 1000$ （重さ条件）

$300 + 300x_2 + 200x_3 + 200x_4 + 400x_5 + 200x_6 + 100x_7 \geq 700$ （重さ条件）

$1 + x_2 + x_3 + x_4 \leq 3$ （アイスの個数条件）

$1 + x_2 + x_3 + x_4 \geq 2$ （アイスの個数条件）

$x_2, x_3, x_4, x_5, x_6, x_7$ は0か1 （組合せ最適化にするための条件）

$x_1 = 0$ を代入した問題も同じようになります．これらの問題を解くには，同じように分割すればよいです．バニラアイスを含む組合せの問題は，エスプレッソアイスに注目して，

- バニラアイスとエスプレッソアイスを含む組合せで，①から③の条件を満たし，最も儲けが大きな詰め方を見つける問題
- バニラアイスを含み，エスプレッソアイスを含まない組合せで，①から③の条件を満たし，最も儲けが大きな詰め方を見つける問題

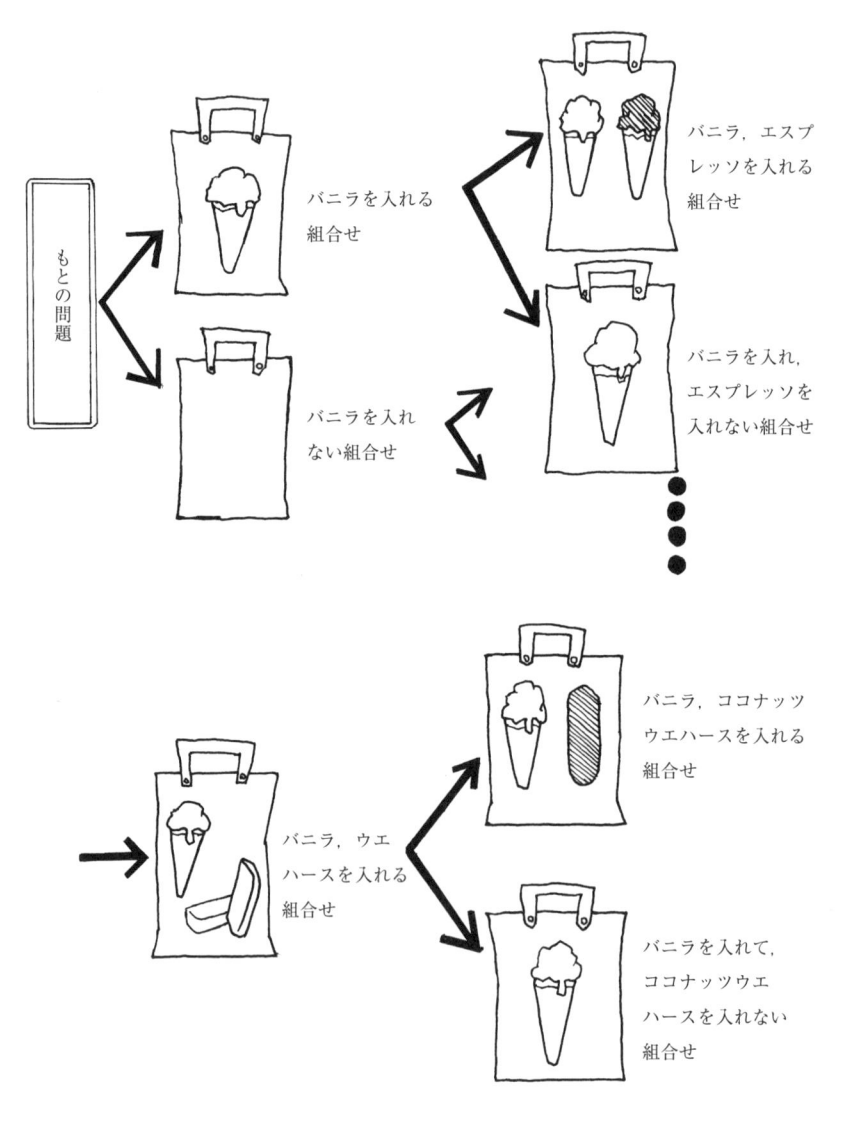

問題を分解していき，すべての商品を入れるか入れないか決めると解になる

に分割して解けば良いのです．このように場合分けを繰り返し，再帰的に行うと，最後にはすべての変数が0か1に決まり，解が1つしかない問題になります．こうなれば，最適解を見つけるのは簡単ですね．このように再帰的に問題を分割しよう，というのが分枝限定法の基本的なアイディアです．この，問題を分割する操作を**分枝操作**といい，分割してできた問題のことを**子問題**といいます．

分枝限定法は，分枝操作に**限定操作**という工夫を加えています．それは，これ以上場合分けを続けても意味がない，つまり最適解が得られない，と分かったら，その時点で場合分けをやめてしまう，というものです．

福袋の問題で解説しましょう．福袋の問題には，条件①があり，アイスを4

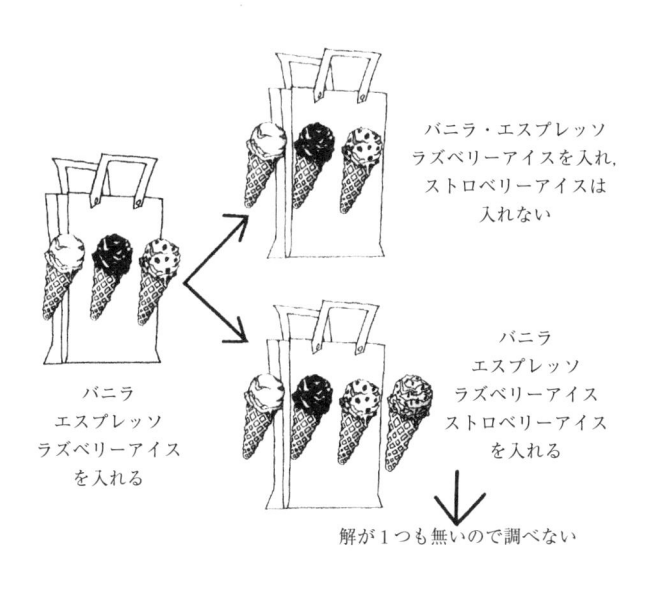

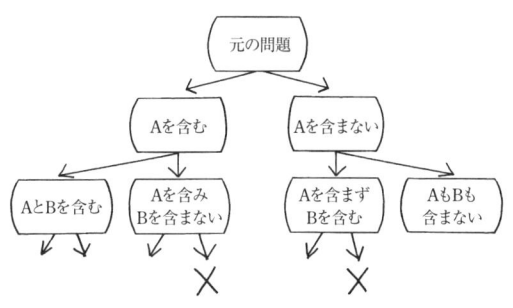

バニラ・エスプレッソ
ラズベリーアイスを入れ，
ストロベリーアイスは
入れない

バニラ
エスプレッソ
ラズベリーアイス
ストロベリーアイス
を入れる

バニラ
エスプレッソ
ラズベリーアイス
を入れる

解が1つも無いので調べない

元の問題

Aを含む　　　　Aを含まない

AとBを含む　Aを含み　　Aを含まず　AもBも
　　　　　　Bを含まない　Bを含む　　含まない

第13章 うまいこと組合せる ─── 177

個以上入れることはできません．ですので，分枝操作（場合分け）をしていき，「アイスを4個入れる」という条件がついた問題がでてきたら，この問題には条件を満たす解がないことがわかります．このような問題は，場合分けして解く必要がありません．

このような「条件を満たす解がない」という理由を使った限定操作の他に，「最適解が存在しない」ということを保証して行う限定操作もあります．例えば福袋の問題で，いくつかの詰め方をチェックした結果，儲けが800円の詰め方が見つかった，としましょう（このような，今までに見つけた解の中で一番良い解のことを**暫定解**といいます）．ここで，「ストロベリーアイスとクッキーを入れない」という条件がついた問題が，場合分けの結果，できたとします．残りの商品すべてを合わせても儲けは700円にしかならないので，この問題の最適解の儲けは800円以下であり，福袋の問題の最適解にはならないことがわかります．ですので，このような問題は解く必要がなくなるのです．

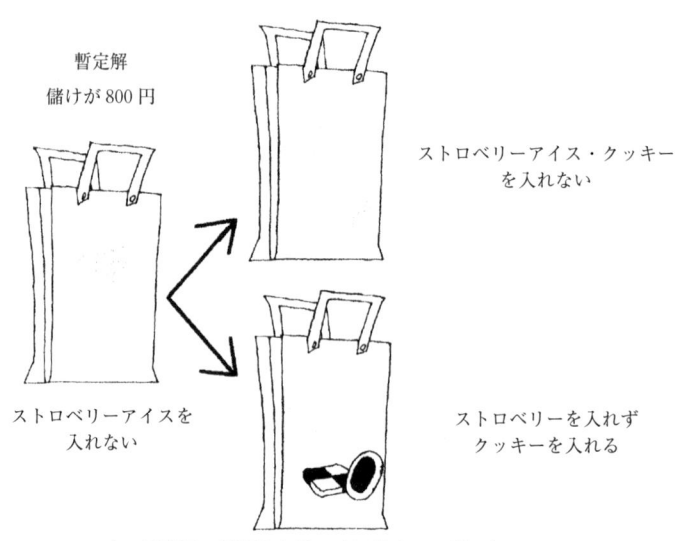

暫定解
儲けが800円

ストロベリーアイス・クッキーを入れない

ストロベリーアイスを入れない

ストロベリーを入れずクッキーを入れる

上の子問題の最適解は「800以下」なので調べない

このようにして，問題を分割し（分枝），必要のない子問題は解かない（限定）として行き，最後まで分割して最適解を見つけるのが分枝限定法です．分枝限定法はいろいろな問題が解けますが，逆にその分，専門的に作られた解法

よりは遅くなります．また，限定操作がどれくらい優秀かによって，スピードが大幅に変わります．良い分枝限定法を作るには，いかにして良い暫定解を得るか，どのようにして子問題の解が暫定解よりも悪いと保証するかがかぎとなります．一般に，分枝限定法ではだいたいものの数が20から100程度の組合せ最適化の問題が解けますが，いくつかの問題に対しては優秀な分枝限定法が提案されていて，10000個の組合せを最適化する問題が1時間程度で解けてしまうものもあります．

13.5　ちょこちょこと試行錯誤：局所探索法

　もしある人に，この「組合せ最適化問題の最適解を（自力で）見つけてください」と言ったら，その人はどうやって見つけようとするでしょうか．たぶん，最初に適当に良さそうな解を作って，その解を，ああでもないこうでもない，といじり，試行錯誤を繰り返すでしょう．この人間の試行錯誤というものは優秀で，少しの解をチェックしただけで，なかなか良い解を見つけることが多いのです．この試行錯誤的な方法を元にして作られたのが，**近傍探索**とよばれる方法です．今解を1つ見つけたとしましょう．その解に対して，解からものを1つ取り除く（$x_i=0$にする），あるいは入れる（$x_i=1$とする）とすると，元の解と少しだけ異なる解が得られます．このような操作を行って，もとの解を少し変更して得られる解を，元の解の**近傍**といいます．ある解を見つけ，その近傍を見つけ，そのまた近傍を見つけ，として良い解を見つけよう，というのが近傍探索で，試行錯誤をするのと同じように方法です．

　局所探索もこのような近傍探索の一種です．最初に1つ解を見つけます．これを今の解とします．そして，今の解の近傍で，より良い解があれば，その解に移動する，という操作を続けていき，近傍により良い解がなくなったところで終わる，という解法です．最後に出てきた解は，自分の近傍にはより良い解がありません．このような解を**局所最適解**といいます．局所最適解は，本当の最適解とは限りませんが，平均的にはそれほど悪くない，ということが知られています．

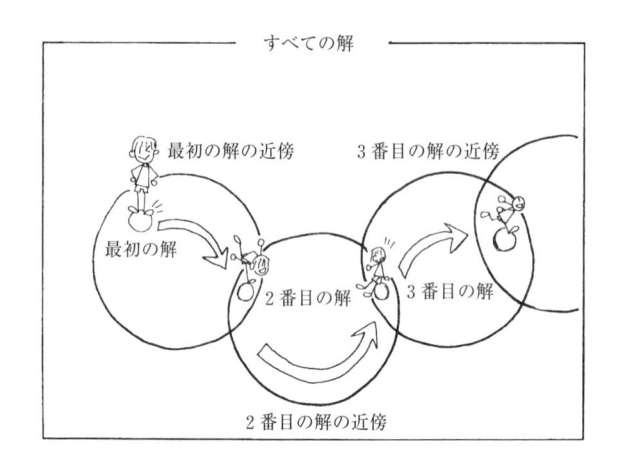

局所探索で得られた解は，だいたい，最適解より2割から3割くらいは悪いものです．この程度の精度で満足できるのであれば，これで十分です．もし，さらに良い解が欲しい場合は，局所探索をたくさん繰り返し（100回とか1000回とか），最も良かったものを選ぶようにする，という方法があります．これを**多スタート局所探索**といいます．多スタート局所探索は，だいたいの場合，比較的短時間で良い解（誤差5％くらい）が得られることが分かっています．

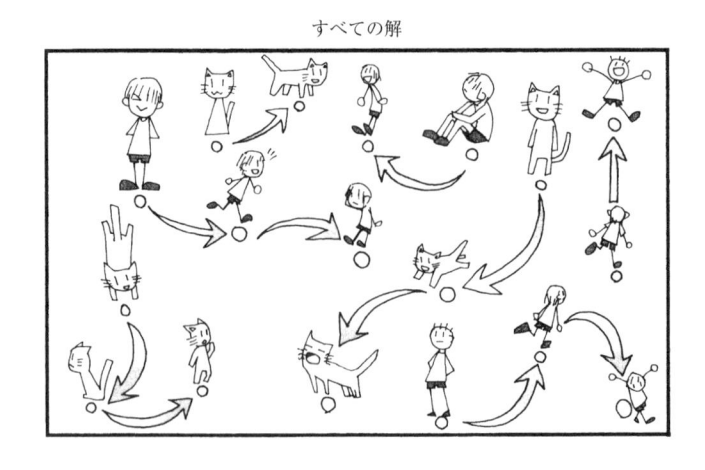

局所探索の速度と性能は，近傍の種類によります．現在の解から簡単な操作のみで得られる解を近傍とすると，計算は速くなりますが，精度は悪くなりま

す．逆に，何手かかける操作で得られる解を近傍とすると，計算は遅くなりますが，精度は良くなります．問題によっては，簡単な近傍を使った局所探索がいい結果を出すこともあり，そのあたりには定性的な判断はできません．局所探索をする場合には，速度と精度がどの程度必要なのか良く考えてから，設計をすると，効果的に問題が解けるのです．

13.6　条件を満たす組合せを全部見つける：列挙問題

例の福袋の問題では，儲けが最大の詰め方を見つけていました．しかし普通は，福袋はいろいろな詰め方の商品があるものです．ですので，本来は「条件①から③を満たす組合せをたくさん見つける」ほうが重要かもしれません．このように，条件を満たす解をすべて見つけよう，という問題を**列挙問題**といいます．

> **列挙問題**：
> 物の集合 E と条件が与えられたとき，条件をすべて満たす E の物の組合せをすべて見つけなさい，という問題

列挙問題は，数理計画問題の解をすべて見つけなさい，という数理計画一般の問題でもあるのですが，通常見かける問題のほとんどが組合せ最適化ですので，この章で解説することにしました．列挙問題の解法には**分割法**，**逆探索**などがありますが，ここでは最も簡単な**バックトラック法**を説明しましょう．

バックトラック法は，先ほど説明した分枝限定法と同じく，場合分けで問題を分割していく方法です．福袋の問題で，条件を満たす詰め方をすべて列挙する問題を考えましょう．バックトラック法は，バニラアイスを使ってこの問題から

- 「バニラアイスを含む」という条件を加えた列挙問題
- 「バニラアイスは含まない」という条件を加えた列挙問題

を作り，2つの問題に分割します．すべての詰め方はこのどちらかの問題の解になっているので，両方の列挙問題を解けば，もとの列挙問題が解けるわけです．分枝限定法と同じく，この操作を繰り返していくと，しまいには解がひとつしかない問題になり，簡単に解けるようになるのです．

さらに，分枝限定法と同じように，場合分けの結果解のない問題ができたときには，その問題は解かないことにします．福袋の問題でいえば，「金額が2000円に届かない」「アイスを4つ入れる」というような条件がついた問題は条件をすべて満たす解を持ちません．ですので，この時点で打ち切り，他の場合分け（子問題）を解くのです．

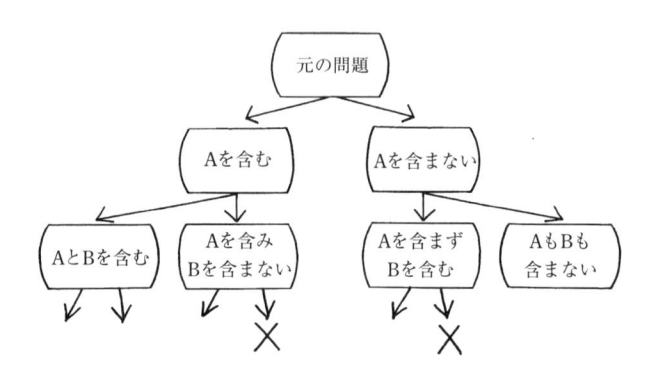

```
              元の問題
           ↙        ↘
       Aを含む      Aを含まない
       ↙    ↘       ↙      ↘
  AとBを含む  Aを含み   Aを含まず  AもBも
            Bを含まない  Bを含む   含まない
     ↙↘      ↓         ↓        ↙↘
             ×                   ×
```

　バックトラック法は，比較的効率よく解を列挙できることができます．どのような組合せ最適化の問題に対しても，解の個数に対する計算時間はそれほど長くなりません．つまり，解が多ければ長時間かかりますが，少なければ短時間で計算が終わります．解が少ないのに，長い計算時間がかかってしまうこともときにはありますが，たいていは解の数に対して長い時間がかかることはありません．

13.7　いろいろな組合せ最適化問題を線形計画に直そう

　この章の最初で，線形の式でいろいろな組合せ的条件が表せる，という話をしました．福袋の問題でも，「組合せにはA，B，C，Dのうち2つまでしか入らない（あるいは2つ以上，ちょうど2つ入る）」という条件，「重量（金額）はいくらまで」という条件が出てきました．この他にも多くの条件が線形の式で表現できます．以後は，それらの方法と，線形の式で表される組合せ最適化問題をいくつか説明しましょう．

13.7.1　順序の最適化問題

ものの最適な並び方を見つける問題も組合せ最適化です．これは並び方が順番の組合せとして捉えられるからです．例えば最適な仕事の順番を見つける問題，都合のいい時刻表を作る問題，最も移動時間が短くなる配達の順番を見つける問題など，多くの問題があります．このような，最適な並び方を見つける問題を数理計画として表現するにはどのようにするかを解説します．

例として，ABCDE の並べ方を変数を使って表す方法を説明しましょう．変数 x_{A1} を，x_{A1} が 1 ならば A は 1 番目，0 ならば A が 1 番目でない，ということを表す変数としましょう．同じように $x_{A1}, x_{A2}, \cdots, x_{E4}, x_{E5}$ まで，すべて用意します．25 個ですね．こうすると，例えば ABCDE という並び方は，$x_{A1}, x_{B2}, x_{C3}, x_{D4}, x_{E5}$ が 1 になり，残りはすべて 0，という数の組で表すことができます．同じように，どのような並び方も，これらの変数で表せます．しかし，これら 25 個の変数がどんな値を取っても並び方に対応する，というわけではありません．

例えば，x_{A1} と x_{A2} が 1 になっていると，A は 1 番目なんだか 2 番目なんだかわからないですね．$x_{A1}, \cdots, x_{A5}$ 全部が 0 になっても，何番目なのか分かりません．ですから，$x_{A1}, \cdots, x_{A5}$ のうち，ちょうど 1 つだけが 1 になる，つまり

$$x_{A1} + x_{A2} + x_{A3} + x_{A4} + x_{A5} = 1$$

という条件が必要です．同様に，x_{A1} と x_{B1} が両方 1 だと，A と B どちらが 1

番目なのかわからないですね．1番目にくるのは1つだけなので，

$$x_{A1}+x_{B1}+x_{C1}+x_{D1}+x_{E1}=1$$

という条件も必要です．この2つの条件さえ満たしていれば，25個の変数がどのような値をとっても，ABCDEのなんらかの並び方に対応します．$1 \sim n$ のものの順番を最適化する問題を数理計画として表現したいときは，変数 x_{11}, $\cdots$, x_{nn} とこれらの制約で順番を表現し，その他の制約を加え，以下のようにします．

目的：○○○の最大化

条件：$x_{11}+x_{12}+\cdots+x_{1n}=1$ （もの1は1〜n番目のどれか1つになる）

$x_{21}+x_{22}+\cdots+x_{2n}=1$ （もの2は1〜n番目のどれか1つになる）

……

$x_{n1}+x_{n2}+\cdots+x_{nn}=1$ （もの n は 1〜n 番目のどれか1つになる）

$x_{11}+x_{21}+\cdots+x_{n1}=1$ （1番目のものは1つだけ）

$x_{12}+x_{22}+\cdots+x_{n2}=1$ （2番目のものは1つだけ）

……

$x_{1n}+x_{2n}+\cdots+x_{nn}=1$ （n番目のものは1つだけ）

$x_{11}, x_{12}, \cdots, x_{nn}$ は 0 か 1

○○○○○ （そのほかの制約）
○○○○○

このようにして数理計画問題の形で表現すれば，数理計画ソフトで解くことができます．

13.7.2 割当て問題

いくつかのものを，いくつかのものに割当てる，その割当て方の中で最も良い物を見つけよう，というのが**割当て問題**です．数理計画の章で出てきた時間割の問題は「授業を時間に割当てる」問題なので，割当て問題になります．そ

のほか，従業員の勤務表を作る問題，スタッフをそれぞれのプロジェクトに割当てる問題なども割当て問題としてとらえることができます．先ほどの順番を最適化する問題も，「ABCDE を 1〜5 番に割当てる問題」として捉えれば，割当て問題であるとみなせます．

では，例題を使って，割当て問題の解説と数理計画問題への変換の仕方を説明しましょう．

■例題 13.2　割当て問題

A さん，B さん，C さんは，仕事①，②，③，④の分担をしたいと思っていますが，以下の条件を満たすように分担する必要があります．

(1) A さんは 2 つまで，B さんは 2 つ以上，C さんはちょうど 2 つの仕事を担当する．

(2) 仕事①，②は 2 人，仕事③は 1 人以上，仕事④は 2 人以下が担当する．

(3) 仕事①は A さん B さんのどちらか 1 人は必ず担当する．

(4) C さんは仕事②ができない．

(5) A は①が，B は②が苦手なので，担当することになると -10 ポイント，C は仕事④が得意なので，担当できると $+10$ ポイントとする．

さて，もっともポイントの高い仕事の割り当て方はどのようになるでしょうか．

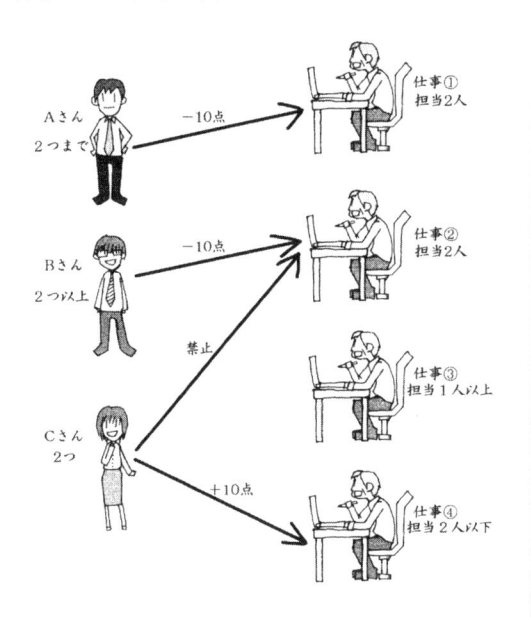

割当て問題を数理計画問題で表現するには，添え字の2つついた変数 x_{ij} を使います．この例では，変数 $x_{A1}, x_{A2}, \cdots, x_{C3}, x_{C4}$ と12個の変数を用意して，「Aさんに仕事①を割当てたら $x_{A1}=1$，そうでなければ $x_{A1}=0$」とします．あとは，これに制約条件を付けて数理計画問題にします．

基本的な制約は，まず，各変数が0か1の値を取ること．それと，各スタッフの仕事数の制約を入れます．Aさんの受け持ちは2つ以下なので，

$$x_{A1} + x_{A2} + x_{A3} + x_{A4} \leq 2$$

という制約が出てきます．Bさんは2つ以上，Cさんはちょうど2つなので，

$$x_{B1} + x_{B2} + x_{B3} + x_{B4} \geq 2$$
$$x_{C1} + x_{C2} + x_{C3} + x_{C4} = 2$$

という制約が入ります．同じように，それぞれの仕事に関しても，その仕事を受け持つスタッフ数に関する制約を入れます．以上が基本的な制約です．あとは，その他の制約をつけます．仕事①にはAさんかBさんを割当てる必要があるので，

$$x_{A1} + x_{B1} \geq 1$$

という制約が入ります．Cさんは仕事②ができないので，

$$x_{C2} = 0$$

という制約が入ります．他の問題でも，同種の制約はこのように，多種の制約はその場合場合に応じて式で表現した制約を追加します．

最後に目的関数を考えます．割当てに対応する変数が1になるので，各変数に，対応する割当てのポイントをかけたもの，つまり

$$-10x_{A1} - 10x_{B2} + 10x_{C4}$$

が目的関数になります．この例ではポイントを目的関数にしましたが，一般には，時間やコストをもとにして目的関数を作ります．

13.7.3 施設配置問題

お客さんにサービスを提供するタイプの施設を，いくつか（n個としましょう）の候補地の中からk個の場所に建てるときに，最も良くサービスの提供ができるように候補地を選ぶ問題を **施設配置問題** といいます．たいていの施設，病院，警察，役所，消防署などは，なるべく自分の家から近い距離にあって欲しい物ですので，お客さんから最寄りの施設への距離の総和が最小になるよう

に，あるいは最寄の施設がひどく遠い人がでないように，候補地を選ぶのです．

では，例を使って，実際どのような問題か，数理計画の形に直すにはどのようにするかを説明しましょう．

■例題 13.3　病院建設の問題

ある県の病院の少ない地域に，病院を新しく 2 つ建設することになりました．候補地は 3 つあります．周辺には町が 4 つあり，それぞれの町はどちらかの病院で担当します．両方の病院ともに合計 3 万までの人口を担当するとします．なるべく便のいいところに作りたいと思っているので，各町から担当の病院までの距離の合計が最小になるようにしたいと思うのですが，どのように建設（配置）すればいいでしょうか．

距離と人口	A 町 (1.8 万人)	B 町 (1.3 万人)	C 町 (0.8 万人)	D 町 (0.5 万人)
候補地①	3 km	2 km	4 km	5 km
候補地②	2 km	2 km	7 km	3 km
候補地③	4 km	3 km	2 km	4 km

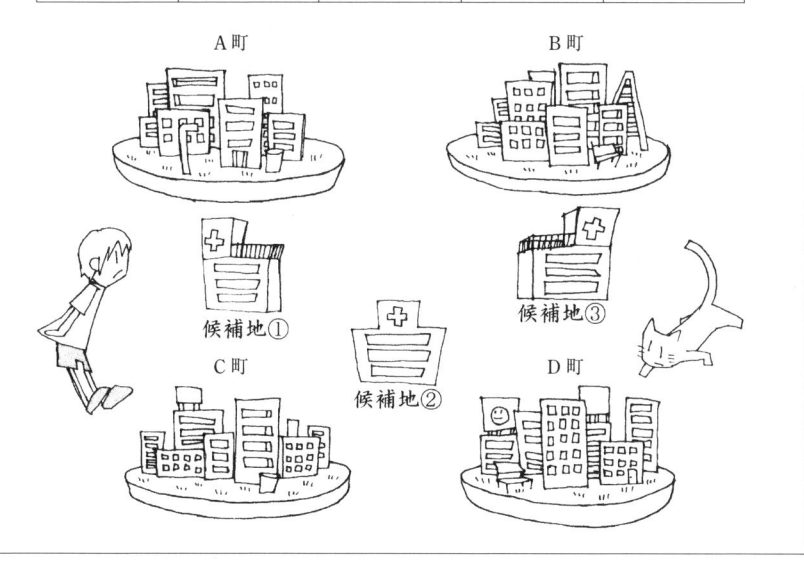

施設配置問題を数理計画の問題に直す方法を説明しましょう．まず変数ですが，候補地 j に施設を作るとき 1，作らないとき 0 となる変数 y_j と，候補地 j の病院が町 A を担当するとき 1，そうでないとき 0 となる変数 x_{Aj} を，各 ABCD について用意します．制約には施設の総数が 2 であるという条件

第13章　うまいこと組合せる

$$y_1 + y_2 + y_3 = 2$$

が,まず入ります.また,町 i を候補地 j の病院が担当する,つまり x_{ij} が 1 になるためには,候補地 j に病院を建てる,つまり $y_j = 1$ となる必要があります(でないと,町 i は病院のない候補地に担当されることになります).この条件,$x_{ij} = 1$ ならば $y_j = 1$,別の言い方をすれば $x_{ij} = 1$ となるのは $y_j = 1$ のときのみ,という条件は,不等式を使って $x_{ij} \leq y_j$ と表すことができます.この条件が成り立てば,$x_{ij} = 1$ かつ $y_j = 0$ となることはないですから.よって,

$$\text{各 } i, j \text{ について } x_{ij} \leq y_j$$

という条件が加わります.目的関数は,病院と担当する町の距離の和なので,

$$3x_{A1} + 2x_{B1} + \cdots + 4x_{D3}$$

の最小化になります.さらに,各候補地の病院は,人口を 3 万までしか担当できないので,候補地 1 について

$$18000x_{A1} + 13000x_{B1} + 8000x_{C1} + 5000x_{D1} \leq 30000$$

という制約がつきます.候補地 2 および候補地 3 についても同様です.また,各町は 1 か所以上の病院が担当するので,町 A について

$$x_{A1} + x_{A2} + x_{A3} \geq 1$$

という制約がつきます.町 B,C,D についても同様です.

以上をまとめると,このような数理計画問題ができます.

目的:$3x_{A1} + 2x_{B1} + \cdots + 4x_{D3}$ の最小化

条件:$y_1 + y_2 + y_3 = 2$

　　　各町 i と候補地 j について $x_{ij} \leq y_j$

　　　各候補地 j について $18000x_{Aj} + 13000x_{Bj} + 8000x_{Cj} + 5000x_{Dj} \leq 30000$

　　　各町 i について $x_{i1} + x_{i2} + x_{i3} \geq 1$

　　　$x_{A1}, \ldots, x_{D3}, y_1, y_2, y_3$ は 0 か 1

これを解けば,最も便の良い病院建設計画ができ上がります.距離でなく,施設の建設費用を抑えたいのであれば,目的関数を,建設費,つまり各施設 j の建設費 c_j を y_j にかけた,$c_1 y_1 + \cdots + c_n y_n$ にしましょう.これが建設する施設の総建設費になります.さらに,(距離の和)$+ \alpha$(建設費)という目的関数を考え,係数 α を適当に設定すると,距離と建設費のどちらがどれくらい重要かを目的関数に組み込むことができます.このように目的関数を設定して問題

を解けば，バランスの取れた解が見つかります．

　消防署のように，「最も遠い客への距離を最小にする」ことを目標にする場合は，「客からの距離の最大値を最小にする」ように目的関数を設定します．荷物の集積所など，そこからトラックなどで集配をする施設の配置を最適化したい場合は，各配置に対して，下で述べる配送計画を解いて，配送にどの程度コストがかかるかを計算する必要があります．

13.7.4　分割問題

　いくつかの地域をグループ分けして，選挙の区割りや，公立学校の学区分けを考える問題を，**分割問題**といいます．制約としては，

- それぞれのグループがつながっていなければならない
- グループ間の人口格差が少ない
- グループ同士の境界線がなるべく短い（まとまった形がよいので）

などです．それぞれの地域のつながり方をネットワークで表現すると，分割問題はネットワークを分割する問題だと考えることもできます．

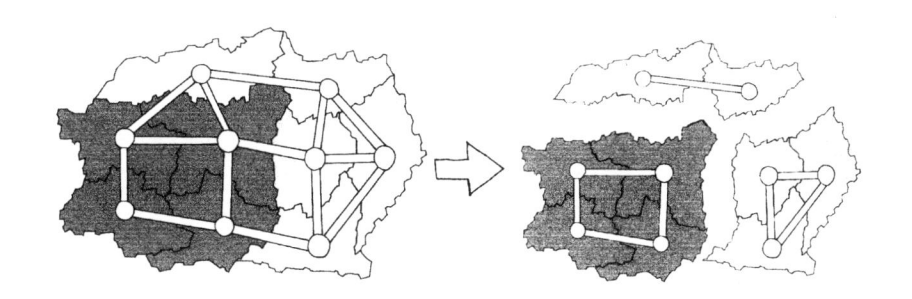

13.7.5　配送計画

　配送基地から各お客にどのように荷物を配達すると，最もコストがかからないか，という問題が**配送計画**です．配送は，通常車やトラックを使うことが多いので，どのようなルートで荷物を配達するのがよいか，そのルートを決める問題です．目的関数としては，使用するトラックの台数，各トラックの稼働時間，ガス代などです．なるべくどの運転手も同じくらいの時間働くように，各ルートの移動時間が同じくらいになる，という目的もあります．制約条件は，トラックの最大積載量，運転手の勤務時間，お客への到着時間，狭い道に面す

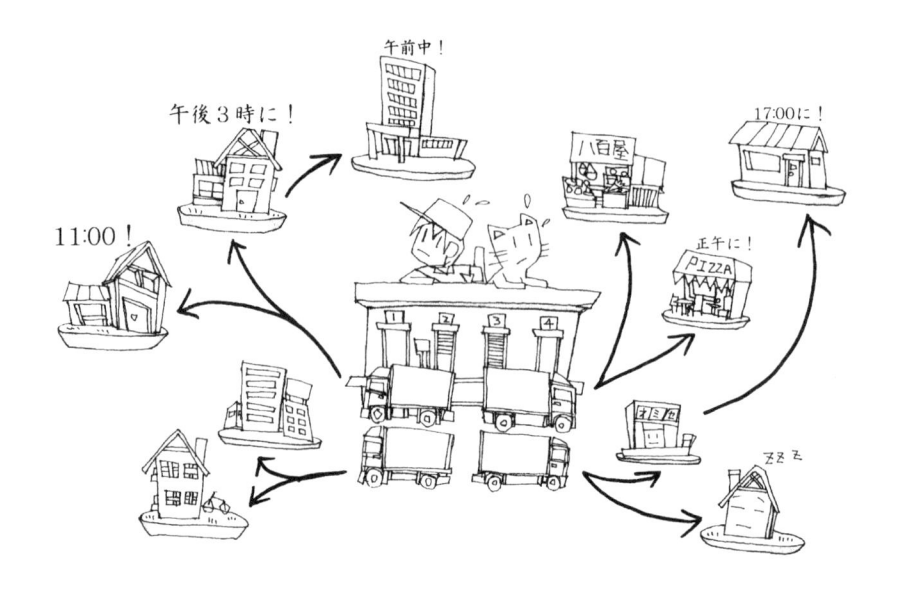

るお客には大きいトラックは入れない，などです．

　図の例は，真ん中にある集積場から，4台のトラックで，時間指定のある客にはその時間になるように，客を回るルートを示しています．ルートが決まれば，地図ソフトやナビゲーションを使って，距離や移動時間を求めることができますので，コストが計算できます．コストが最小になる，あるいは他の条件を満たす，このようなルートを求める問題が配送計画なのです．

13.8　まとめと参考文献

　この章では，組合せ最適化が，制約条件を満たすような，ものの組合せや並び方の中で，最も良い物を見つける問題であるということを説明しました．組合せ最適化の解法として，最適解を求める分枝限定法と，なるべく良い解を見つける局所探索を解説しました．組合せ最適化にはたくさんの種類の問題があります．それぞれに特化した解説本もいろいろとあります．興味のある方は，これらの文献を読んでみてください．

- 柳浦睦憲・茨木俊秀『組合せ最適化―メタ戦略を中心として』朝倉書店（2001）
  組合せ最適化を解く解法を，近似解法を中心として解説．大学 4 年程度向け．
- 山本芳嗣・久保幹雄『巡回セールスマン問題への招待』朝倉書店（1997）
  巡回セールスマン問題の性質と解法の，比較的やさしい解説．高校生程度向け．
- 久保幹雄・田村明久・松井知己編『応用数理計画ハンドブック』朝倉書店（2002）
  数理計画一般を解説した，百科事典のような本．数理計画を実際に使用，あるいは研究している人向け．
- 今野浩・鈴木久敏『整数計画法と組合せ最適化』日科技連（1982）
  非線形計画法をベースとして，組合せ最適化を解説．大学 4 年程度向き．
- 久保幹雄『組合せ最適化とアルゴリズム』共立出版（2000）
  組合せ最適化・ネットワーク計画・線形計画の解法についての，比較的やさしい解説．高校生程度向け．
- 『アルゴリズムイントロダクション　第 3 巻』近代科学社（1995）
  様々なコンピュータアルゴリズムの解説をする入門書．近似解法の解説も掲載．大学 4 年程度向け．

演習問題

13.1　アイス屋さんが，8 種類のアイス ABCDEFGH の中から今日売り出すアイスの検討をしています．全部売れればいいのですが，冷蔵庫の関係で，5 種類しか出せません．なるべく儲けを多くする組合せを求める組合せ最適化を数理計画の形で表現してください．
　① ABC は定番なので，そのうち 2 つは出したい．
　② CEG はシャーベットなので，このうち 1 つを出したい．
　③ GH は似た味なので，どちらか 1 つでいい．
　儲け：A3000，B3500，C4000，D3000，E5000，F3500，G4000，H4500

13.2 ある塾では1日2時限で英語・国語・代数・幾何・物理・化学を教えています．教室は3つあるので，2時限で3教室なので，1日で6科目できるはずなのですが，以下の条件があるので，どのように時間割を作ればいいのかわかりません．この組合せ最適化の問題を数理計画に直してください．
① 数学の科目2つは，同じ時限にしてはいけない．
② 英語，国語は1時限目にする．

13.3 以下の条件を満たす ABCDE の組を，バックトラック法で列挙しなさい．
ABC のうち高々1つしか含まない．
BCD のうちちょうど1つを含む．
ACE のうち2つ以上を含む．
ABDE のうち高々2つを含む．
注）「高々」とは「多くとも」という意味です．

第14章 最適な通り道を見つける
ネットワーク計画

　物と物とが線で結ばれたもの（あるいは物が結ばれた図）のことを**ネットワーク**，あるいは**グラフ**といいます．コンピュータ同士がケーブルでつながれているコンピュータネットワーク，たくさんの交差点が道路で結ばれている道路交通網，駅と駅が線路で結ばれている電車の路線図，関係のある人と人との間に線を引いた人物関係図，あるいは家系図，などがネットワークの例になります．このようなネットワーク上の何かを最適化する，あるいはネットワークの形状自身を最適化するような問題を**ネットワーク計画**といいます．ネットワークの枝の選び方を最適化する問題と捉えられる問題もあり，それらは組合せ最適化の問題でもあります．

　車のナビゲーションシステムは，道路交通網ネットワークの中から，最短のルートを見つける問題を解いていますし，電車の乗り換え案内ソフトは，電車路線ネットワークでの，最も時間のかからない，あるいは最もお金のかからない乗り継ぎ方法を見つける問題を解いています．銀行のATMをつなぐネットワークを作るときには，信頼性を高くして，コストがかからないように機械同士をつなぐ必要があります．アメリカの電話料金は後で紹介する最小木問題の最適解を使って設定されています．このように，現実の多くの場面で，ネットワーク計画の問題が出てくるのです．

　ネットワーク計画の中には，**最小費用流問題**，**最短路問題**，**最大流問題**，**最小木問題**，**連結度増大問題**，**ネットワークデザイン問題**など，多種にわたる問題があり，それぞれ研究され，実用で使われています．この章では，これらの問題について解説を行い，特に最短路問題と最小木問題に関しては詳しく，問題を解く解法についても解説します．

14.1　最短路問題を解いてみよう

最短路問題とは，ネットワーク中の2点を結ぶ経路の中で最短のものを見つける問題です．例えば次のような問題です．

> ■例題 14.1
> 左側の地図で，家から駅まで行くのに，どのようなルートを通れば最短時間で到着できるでしょうか．

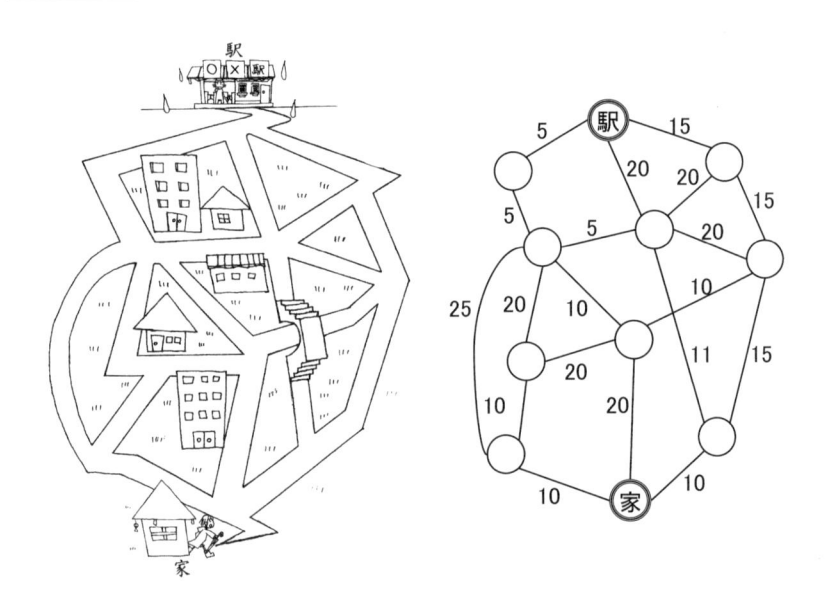

　この地図の情報だけでは，どのルートがどの程度の距離かわかりません．そこで，どこからどこまでがどの程度の距離であるかは，事前に調べておくことにしましょう．ただし，すべての場所からすべての場所までの距離を調べるのはあまりにも大変ですので，各道の，隣り合う交差点間の距離のみを調べることにします．最短ルートは，道の途中でUターンをする，ということはありませんので，交差点から隣の交差点，その交差点からまた隣の交差点，という，細切れの道に分解できます．ゆえに，交差点間の距離だけがわかっていれば，ルートの距離が計算できるのです．

では次に，この地図をネットワークに焼きなおしてみましょう．道路は，交差点と交差点が道路でつながれているものだ，と考えられます．この考え方を使って，左側の地図をネットワークに書き直したのが右の図になります．○が交差点，○と○を結ぶ線が道路に対応しています．ネットワークの言葉で，○を**頂点**，つなげている線を**枝**（あるいは**辺**）といいます．一方通行のように「片方向しか移動できない道」があるときには，枝を矢印で書きましょう．このような，向きの付いた枝を**有向枝**といいます．2つの頂点を結ぶルートになっているような枝の集まりを**パス**（**路**）といいます．それぞれの枝のそばに数字が書いてありますが，これが交差点から交差点までの距離を表しています．このネットワークを見れば，「どのルート（パス）がどれだけの距離か」を，そのルートが含む枝（通る枝）の距離を足すことで求まります．

> **最短路問題：**
> 各枝に距離が与えられたネットワーク，ネットワークの出発点の頂点，到着点の頂点に対して，出発点と到着点を結ぶルート（枝の集まり）の中で，ルート内の枝の距離の和が最小になるものを求める問題．

最短路問題を解く方法としては，1959年にダイクストラ氏（Dijkstra）が考案した**ダイクストラ法**が有名です．シンプルかつ高速で，ほとんどの場合，最短ルートの求解にはダイクストラ法使われていると言っても過言ではないでしょう．ダイクストラ法の基本的なアイディアは，「出発地点に1番近い頂点，2番目に近い頂点と，順々に最短ルートと最短距離を計算していき，最終的に到着点への最短ルートを求めよう」というものです．なぜ順番に計算するかというと，「k番目に近い頂点への最短ルート」は，必ず「k番目以下に近い頂点」のみを通っているからです（そうでないと，最短ルートなのに遠いところへ寄り道をしていることになりますよね）．ゆえに，「6番目に近い頂点」への最短ルートは，1から5番目に近い頂点への最短ルートのどれかに，一本枝を付け加えてできます．そこで，1番近い頂点から順に最短路を求めていくと，楽に最短路が計算できるのです．

第14章　最適な通り道を見つける ──── 195

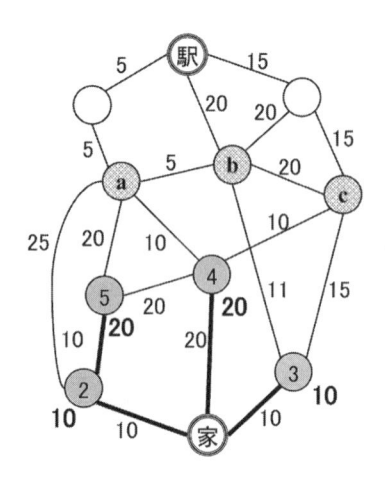

では実際に6番目に近い頂点を見つける方法を説明しましょう．図を見てください．この図では，黒く塗ってある②から⑤との頂点が2～5番目に近い頂点で，脇にその頂点までの最短距離が書いてあります（1番目に近い頂点は，家自身です）．最短路は，太線に沿って家から頂点まで行くパスです．6番目に近い頂点への最短路は，1～5番目に近い頂点，つまり家と黒い頂点しか通らないわけですから，黒い頂点と枝で結ばれている頂点（a, b, c = 灰色の頂点）が，6番目に近い頂点の候補になります．この中で，家からの距離が最も短いものが6番目に近い頂点なのです．

ではここで，図でaと書いてある頂点に，家から黒い頂点のみを通って行く最短ルートを見つけましょう．aへの最短ルートの候補は3つあります．最後に頂点②を通る場合，最後に頂点④を通る場合，最後に頂点⑤を通る場合です．②～⑤への最短ルートはわかっています．太線を家からたどればいいのです．よって，3つの最短路候補の距離は，それぞれ（②までの距離 + 25），（④までの距離 + 10），（⑤までの距離 + 20）になります．この中では（④までの距離 + 10）が30となり，一番短いので，これがaへの，②～⑤のみを通る最短ルートとなります．同様に，他の灰色頂点 b, c への最短ルート（点線）と最短距離を計算して書き込んだのが，次の図です．

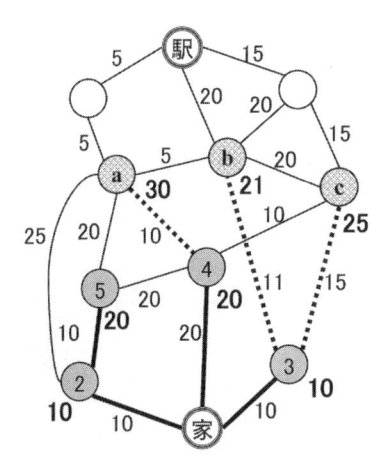

a, b, c の中では，b への距離が 21 で最小です．ですので，b が 6 番目に近い頂点になります．b を黒く塗り，⑥にし，③から b への枝を黒く塗ったのが次の図になります．

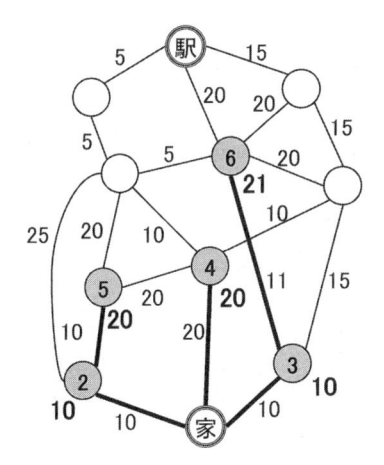

　これで，1〜6 番目に近い頂点と，そこまでの距離・最短ルートがわかりました．つまりは，7 番目に近い頂点の計算ができるようになったのです．このようにして，2 番目に近い頂点から順に，3 番目，4 番目に近い頂点を順に求めていくと，最後には駅の頂点が何番目に近いか，および，最短距離が計算できます．最短ルートは，駅から家へ太線をたどったルートになります．以上をまとめると，ダイクストラ法はこう説明できます．

第14章　最適な通り道を見つける ─── 197

> **ダイクストラ法**
> ① 出発点の頂点を黒にして，その脇に距離0を書く．
> ② 黒い頂点と枝で結ばれた頂点で，黒くない頂点を灰色にする．
> ③ 各灰色の頂点への（黒い頂点のみを使ったルートの）最短距離を計算する（黒い頂点への距離と枝の距離の和，の最小値）．
> ④ 灰色の頂点の中で，距離が一番小さい頂点を黒にして，最短ルートが使った枝を太線にする．
> ⑤ 到着点が黒くなってないなら，2に戻る．

　計算中，最初のうちは灰色の頂点の数は少ないのですが，計算が進むにつれ，だんだんと増え，距離の計算が面倒になります．しかし，この手間は省くことができます．ある頂点が黒くなったとき，「黒い頂点だけ使った最短ルート」が変化するのは，この頂点と枝で結ばれている頂点だけなので，その頂点の隣についてだけ最短ルートを計算しなおせばよいのです．

　自動車のナビゲーションシステムや，電車の乗り換え案内のソフトは，基本的に，ダイクストラ法をコンピュータプログラムにしたものです．地図のデータや路線のデータをネットワークにしたデータが入っていて，現在地を出発点としてダイクストラ法を解き，目的地までの最短経路を教えてくれるのです．

ダイクストラ法は，なかなか優秀で速い計算方法です．ですが，ナビゲーションを行うには少々工夫が必要です．
　例えば，東京ディズニーランドから大阪ユニバーサルスタジオまでの最短ルートを探すには，どれくらい手間がかかるでしょうか．ダイクストラ法はディズニーランドに近い頂点から順に印を付けていきます．そして，ユニバーサルスタジオまでたどり着く頃には，岩手県の頂点まで印が付くことになります．これでは，経路を探索するたびに，ぐるぐるぐるぐるデータを読むことになり，相当時間がかかってしまいます．

　普通，東京から大阪のような遠距離を移動する場合は，高速道路や有料道路，幹線道路を主に通りますね．そこで，それらの道だけを抽出したネットワークを作り，
- ディズニーランドから，手近なインター，あるいは幹線道路．
- インターからユニバーサルスタジオに近いインター，あるいは幹線道路．
- そこからユニバーサルスタジオ

と，3つに分けて問題を解けば，さほど手間はかからなくなります．高速道路・有料道路だけのネットワークは，交差点数も少ないですし，出発点・到着点から手近のインター・幹線道路までは短距離なので，岩手県まで印が付くことはありません．

第14章　最適な通り道を見つける ─── 199

14.2 電話連絡網の費用を小さくしよう：最小木問題

すべての頂点を結ぶネットワークの中で費用が最小のものを求める問題を**最小木問題**といいます．

> **最小木問題**
> 枝に費用があるネットワークに対して，すべての頂点を枝でつなぐ，つなぎ方の中で，使った枝の費用の和が最小のものを求める問題．

詳しい問題の解説は例題を見ながら行いましょう．

■例題 14.2　電話連絡網の問題

ある会社が支店間の電話連絡網を作ろうと思っています．ただし連絡網では，以下の図で線の引いてある支店の間でしか連絡が取れません．支店間の連絡にかかる費用は，線の脇に書いてあります．さて，最も費用の少ない電話連絡網はどのようになるでしょうか．

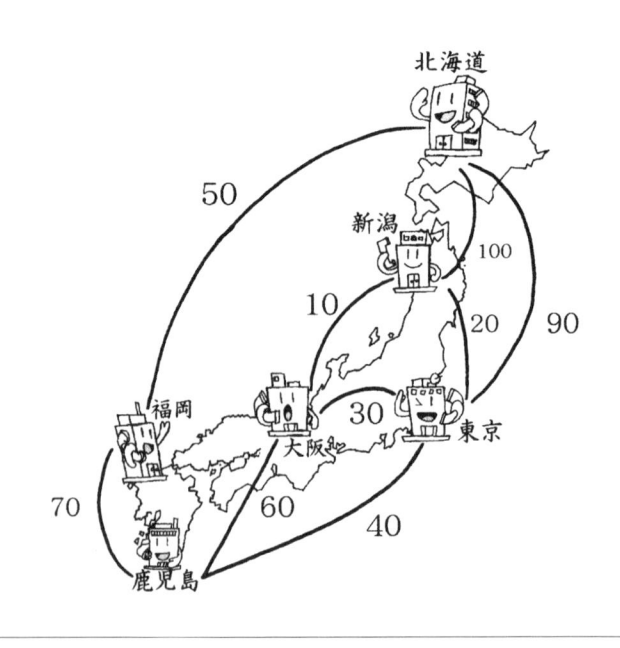

すべての支店を結ぶネットワークがあれば，それは電話連絡網になります．ですので，電話連絡網の問題は費用が最小の，すべての支店を結ぶネットワークを求める問題である，と考えられ，最小木問題になります．

　最小木問題の解法としては，Kruskal氏が1956年に考案した**クラスカル法**が有名です．簡単な作業を繰り返すだけで，どのような最小木問題も解くことができます．

> **クラスカル法**
> ① すべての枝を費用の小さい順に並べる．
> ② 重みの小さい枝から順に太線にする．ただし，太線のループができるなら太線にしない．
> ③ すべての頂点がつながったら終了．

　計算終了後，太線のネットワークが最小木になります．この方法は，コストの小さい順に加えているのが味噌で，「加えていってループができるときに，かならず一番コストの大きな枝が除外されている」ので，求まった太線のネットワークの枝をどう入れ替えても，コストは小さくならないのです．

第14章　最適な通り道を見つける ── 201

では実際に，電話連絡網の問題をクラスカル法で解いてみましょう．図のネットワークで一番費用が小さいのは大阪新潟間，その次が東京新潟間です．まずこの2つを選び，太線にしましょう．まだループはできません．

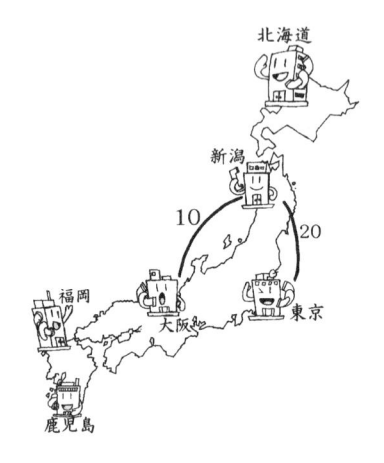

次に安いのは東京大阪間ですが，これを加えると東京・大阪・新潟のループができてしまうので，選びません．以下，順に東京鹿児島間，福岡札幌間を加えます．

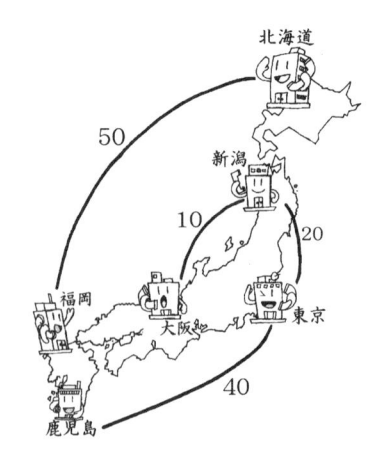

次の大阪鹿児島間は大阪・鹿児島・東京・新潟のループができるので加えず，福岡鹿児島間を加えたところで，すべての支店がつながれ，めでたく最小費用

の電話連絡網が求まりました.

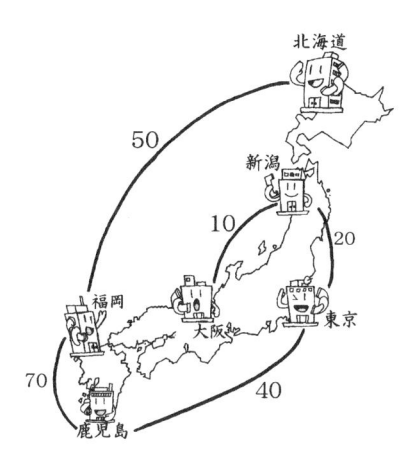

14.3 その他のネットワーク計画問題

ネットワークは，ものとものとの関わりや動きをモデル化できるという意味で，非常に表現力の豊かなモデルです．現実の問題でも，ネットワーク計画にモデル化されるものが数多くあります．ここでは，それらネットワーク計画の問題の中から基本的なものをいくつかを紹介しましょう．

14.3.1 最小費用流問題

ネットワークに，入口の頂点と出口の頂点が指定されているとき，入口から出口まで，指定された個数の品物を運搬する最もコストのかからない方法を見つける問題です．ただし，各枝にはコストと容量が指定されていて，その枝を品物が1つ通過するとその分のコストがかかり，その枝には容量個までの品物しか通過できません．入口が複数，出口が複数あってもかまいません.

この問題は，例えば，工場から小売店への輸送方法を考えるときに使います．毎日毎日，各工場からは品物が一定量生産され，各小売店では一定量ずつ納品されます．このときに，どの工場からどの小売店に運ぶと最も経費がかからないか，それを計算するのです．

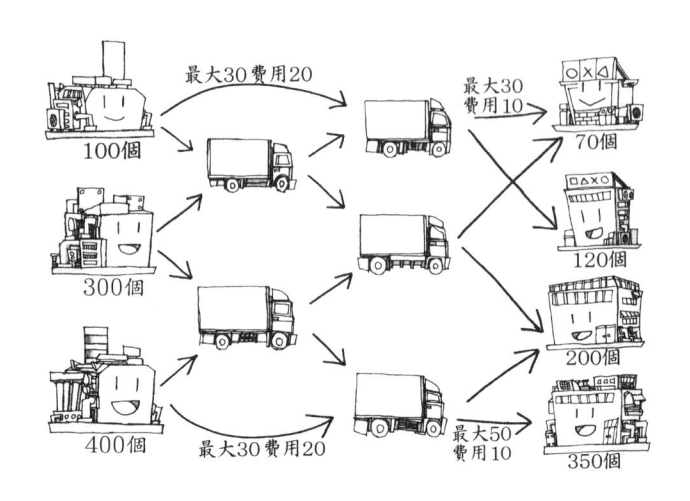

14.3.2 連結度増大問題・ネットワークデザイン問題

ネットワークは，どの枝を切ってもネットワークが切断されないとき，**2連結**であるといいます．どの2本の枝を切ってもネットワークが切断されないとき，**3連結**であるといいます．枝何本までなら，どう切ってもネットワークがつながっているか，という本数を，**ネットワークの連結度**といいます．つまり連結度が大きいほど丈夫なネットワークだということです．

各枝にコストが付いているとき，連結度が一定以上の最も安いネットワークを作る問題がネットワークデザイン問題，今あるネットワークの連結度をある一定まで増やすときに，最もコストが安い枝の加え方を見つけるのが連結度増

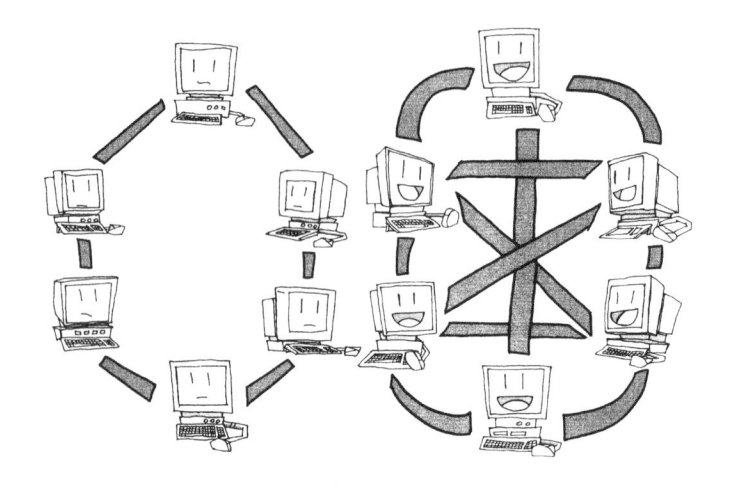

大問題です．

両問題共に，銀行の ATM やコンピュータネットワークの設計に使われます．連結度が大きいということは回線がいくつか故障してもシステムは止まらない，ということですから，連結度が大きいことがシステムとして重要なのです．

14.4　まとめと参考文献

　この章では，地図などの，物のつながり方を表すものがネットワークであり，最適なネットワークの形状や，最適な使い方を見つける問題がネットワーク計画であることを説明しました．ネットワーク計画には，最小費用流，ネットワークデザイン問題などの種類がある．その中で最短路問題とダイクストラ法，最小木問題とクラスカル法を解説しました．また，その他の基本的なネットワーク計画の問題を紹介しました．最後に，ネットワーク計画についてより深く知りたい方に，参考書を紹介します．

- 浅野孝夫『情報の構造上・下』日本評論社（1994）
  比較的いい性質を持つネットワーク計画の問題とそれらの解法の解説．大学 4 年程度向け．
- 久保幹雄『組合せ最適化とアルゴリズム』共立出版（2000）
  組合せ最適化・ネットワーク計画・線形計画の解法についての，比較的やさしい解説．高校生程度向け．
- T. H. コルメン他／浅野哲夫他訳『アルゴリズムイントロダクション第 2 巻』近代科学社（1995）
  様々なコンピュータアルゴリズムの解説をする入門書．ネットワーク計画の解法も多数掲載．大学 4 年程度向け．
- 茨木俊秀・福島雅夫『最適化の手法』共立出版（1993）
  数理計画の解法一般についての解説．ネットワーク計画の章あり．大学 4 年程度向け．

演習問題

14.1 図の道路ネットワークは，A 町 B 町とその周辺の道路を表しています．枝のわきの数字は，各道路を通過する所要時間（分）です．A 町から B 町までの最短ルートをダイクストラ法で求めなさい．

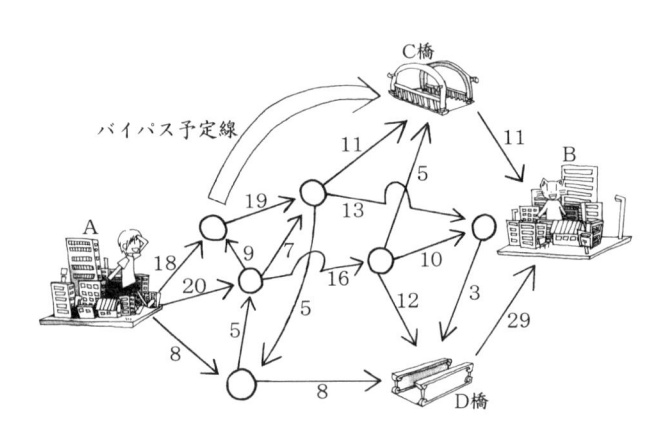

14.2 図の A 町から B 町への最短ルートは，C 橋を通るのですが，この橋は毎日渋滞します．他にも D 橋があるのですが，こちらを通ると大回りになり，時間がかかります．渋滞が発生して，C 橋を通るのにかかる時間が増えていくと，そのうち，迂回するのと渋滞を我慢して通り抜けるのと，両方の時間が同じになります．C 橋の通過にかかる時間がどこまで増えると同じになるか，計算しなさい．

14.3 A 町と B 町の間に，図のようにバイパスを作る計画があります．最短ルートの中央付近の交通量が多いので，迂回させたいのです．迂回路のほうが遅いと渋滞は減らないので，速い迂回路を作りたいのですが，どれくらい短い時間で通過できるバイパスを造れば，迂回路のほうが速くなるでしょうか．これ以下なら，迂回路の方が速い，という，バイパスの所要時間を答えなさい．

14.4 ある会社でコンピュータネットワークを作ろうとしています．それぞれのコンピュータをつなぐ回線の使用料金は図の通りです．なるべく安くネットワークを作りたいので，このネットワークの最小木を求めなさい．

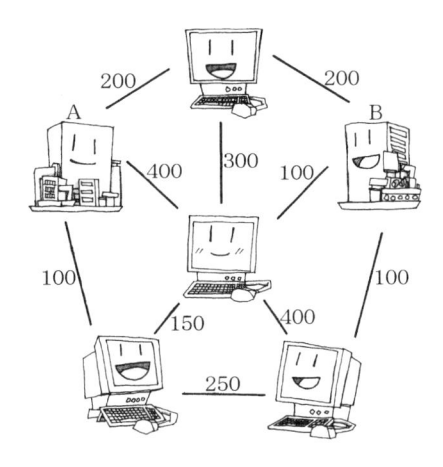

14.5 問題 14.4 で求めたネットワークを作りました．そして，今度はこのネットワークの信頼性を高めたくなってきました．さて，「どの線を一本切っても，ネットワークがつながっている」ようにするためには，さらにどこをつなげればよいでしょうか．本数の最も少なく，費用の安いつなぎ方を求めなさい．

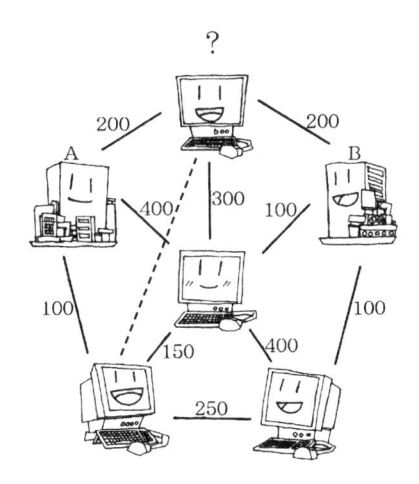

14.6 今度は，他の安いケーブル会社が参入してきました．上図の点線部分に，安い回線を引いてくれるそうなのですが，値段についてはまだ交渉できるようです．さて，それがいくら以下で引いてもらえば，今よりも安くなるでしょうか．

第15章　小さい順に解くのがミソ
動的計画

　動的計画は，**組合せ最適化問題**を解く方法（解法）の1つです．解きたい問題を，それより「少し小さな問題」の解を使って解いてしまおう，という発想で作られています．もとの問題から，どのようにしてどうやって「少し小さな問題」を作るかがキーポイントで，ここを工夫すれば，他の解法では短時間では解けない問題が，意外とすんなり解けてしまうこともあります．この章では，動的計画の仕組みを，2つの簡単な例を通じて解説します．この本の他の章では主に問題の解説にスポットを当てていますが，この章では問題を解く手法にスポットを当てていることに注意してください．

　動的計画の仕組みだけを抽象的に解説すると，難解になると思いますので，まず最初に動的計画の中でも最も簡単な，**サブセットサム問題**を解く動的計画を例を使って解説します．その後，「動的計画とは，このようにして作る」という，大枠を解説します．

15.1　遠足のおやつ問題を解こう

　では，サブセットサム問題とその動的計画を，例を使って解説しましょう．

> ■例題 15.1　遠足のおやつ問題
>
> 遠足に持っていくお菓子を下の中から選ぼうと思っています．ただし，同じものを2つ以上持っていかないことにします．おやつは300円まで，という決まりがあるので，ちょうど合計が300円になるようにしたいのですが，どのような組合せにすればよいでしょうか？
>
> 　　飴玉20円，するめいか30円，おせんべい30円，クッキー70円，
> 　　チョコレート110円，ポテトチップス130円，ガム110円，
> 　　コーンスナック140円

このように，「与えられた数字からいくつかを選んで，ちょうど××にできますか？」という問題を**サブセットサム問題**といいます．一般的には，与える数字は小数でもよいのですが，ここでは整数だけ考えましょう．

> **サブセットサム問題**
> 与えられた整数 $a_1, \cdots, a_n$ と b に対して，合計がちょうど b になる $a_1, \cdots, a_n$ の数字の組合せがあるかどうか答えなさい，という問題．

さて，合計金額が 300 円ぴったりになる組合せは何か考えてみて下さい．クッキー，チョコレート，ガムという組などいい感じですね．$70 + 110 + 110 = 290$ 円．10 円しか余りません．でも，ぴったりではないですね．これが一番近いのでしょうか？ ぴったり 300 円の組合せが見つかればそれでいいのですが，簡単に見つかりそうもないですし，見つからないからといって，「300 円になる組合せはない」と言うのは乱暴でしょう．

このサブセットサム問題は動的計画を使うと比較的簡単に解けます．まず準備として，例を少々膨らませた問題を考えましょう．

> **■例題 15.2　8 種類の問題**
> 　　飴玉 20 円，するめいか 30 円，おせんべい 30 円，クッキー 70 円，
> 　　チョコレート 110 円，ポテトチップス 130 円，ガム 110 円，
> 　　コーンスナック 140 円
> の組合せで，合計金額が 10 円, 20 円, $\cdots$, 300 円になるものはありますか．10, 20, $\cdots$, 300 円，それぞれについて答えなさい．

つまり，サブセットサム問題を少し変更した，以下の問題を考えよう，ということです．

> **サブセットサム問題 2**
> 与えられた整数 $a_1, \cdots, a_n$ と b に対して，合計がちょうど $0, 1, \cdots, b$ になる $a_1, \cdots, a_n$ の数字の組合せがあるかどうかを，$0, 1, \cdots, b$ それぞれについて答えなさい，という問題．

さて，この「8種類の問題」を解くために，最後のお菓子，コーンスナックを取り除いた問題，つまりコーンスナック以外のお菓子を組合せで合計金額がいくらにできるか，という問題を考えましょう．これが，冒頭で述べた「大きさをひとつ小さくした問題」です．

> **■例題 15.3　7種類の問題**
> 　　飴玉 20 円，するめいか 30 円，おせんべい 30 円，クッキー 70 円，
> 　　チョコレート 110 円，ポテトチップス 130 円，ガム 110 円
> の組合せで，合計金額が 10 円, 20 円, $\cdots$, 300 円になるものはありますか，
> 10, 20, $\cdots$, 300 円，それぞれについて答えなさい．

全 8 種類のお菓子で 300 円ちょうどにできるときは，コーンスナック以外の 7 種類のお菓子の組合せで，合計金額が 300 円か 160 円になるものがある場合です．7 種類で 300 円にできるのであればそれでよし，160 円の場合も，コーンスナックを加えると 300 円ちょうどになるからです．これは，300 円以外の金額，つまり 290 円や 50 円に対しても，同じように「7 種類の問題」の答えがわかれば「8 種類の問題」の答えが簡単にわかりますね．つまり，「7 種類の問題」の答えがすべてわかれば，もとの「8 種類の問題」は簡単に解けるわけです．

なるほど，8 種類の問題の答え，$0, \cdots, 300$ 円のそれぞれの金額の組合せがあるかどうかは，7 種類の問題の答えから計算できることがわかりました．では 7 種類の問題の答えはどうしましょう？　もうおわかりと思いますが，「6 種類の問題」を考え，その答えを使って計算すればよいのです．

■例題 15.4　6 種類の問題

　　飴玉 20 円，するめいか 30 円，おせんべい 30 円，クッキー70 円，
　　チョコレート 110 円，ポテトチップス 130 円
の組合せで，合計金額が 10 円，20 円，…，300 円になるものはありますか，
10, 20, …, 300 円，それぞれについて答えなさい．

　このように，「5 種類の問題」，「4 種類の問題」…と問題を小さくしていくと，最後に 1 種類の問題になります．「1 種類の問題」は，飴玉だけの問題です．できる組合せは「飴玉 20 円」と「何もなし 0 円」の 2 つだけなので，答えは 0, 20 円のみ組合せあり，それ以外はなし，です．ここまで問題が小さくなれば，答えが簡単にわかりますね．この「1 種類の問題」の答えを表にしたものが下の図です．1 マスが 1 つの値段に対応していて，その値段の組合せがあるところに○がついています．

　この表を使って，「2 種類の問題」の答えの表を作りましょう．「2 種類の問題」の表の各金額（x としましょう）のマスに，「1 種類の問題」表のその金額とするめいかの金額 30 円を引いたマス（つまり x 円と $x-30$ 円のマス）を見て，どちらかに○が書いてあれば○をつけ，そうでなければ×をつけましょう．この作業をすべての金額について行うと，以下の図のようになります．図の矢印は，○のついた各マスを埋めるのに見にいったマスを示しています．このように 3 種類の問題，4 種類の問題，…と答えの表を求めていき，最終的に 8 種類の問題の答えを求めるのです．

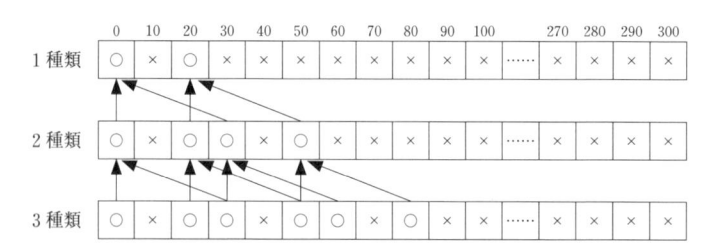

まとめると，サブセットサム問題を解く動的計画は以下のようになります．

> **サブセットサム問題を解く動的計画**
> 入力：整数 $a_1, \cdots, a_n$ と b
> ① $0, \cdots, b$ のマスからなる表の，a_1 だけを使った組合せの合計になるマスに○，残りに×を付け，これを表1とする．
> ② 表 $i-1$ のマス x かマス $x-a_i$ に○がついていたら，表 i のマス x に○を付ける，という作業を $i = 2, \cdots, n$ について順次行う．

このように，最も小さな問題の答えを求めてから順々に1つずつ大きな問題を解いていき，元の問題を解く，という基本思想に基づいた解法が動的計画です．ある問題を動的計画で解こうとするときは，元の問題を大きさが1つ小さな問題の答えを使って解く，という仕組みを考えるところが最も重要な点になります．サブセットサム問題では，合計がちょうど b の組合せがあるか答える，という問題を $0, \cdots, b$ それぞれについて答える，という問題にしたことで，小さな問題の利用を可能にしました．他の問題でもこのような工夫が必要なものもあります．工夫が難しいこともありますが，上手くすれば，他の解法では効率よく解けない問題が解けることもあり，動的計画は重宝されます．

15.2 動的計画の手間はどれくらい？

さて，この動的計画の計算時間はどれくらいになるでしょうか？ 1つのマスを埋めるには，2つのマスを調べます．ですので，すべての表のマスを埋めるにはマスの総数に比例する時間がかかります．通常，動的計画の計算時間はマスの総数に比例します．この場合，金額の軸が31，お菓子の軸が8ですので，248マスについて，2マスずつ見るので，480手くらいの計算をするわけです．ちなみに，すべてのお菓子の組合せは2の8乗で256通り．これくらいの例だと，すべての組をしらみつぶしで調べたほうが速いかもしれません．ですが，もしお菓子が30種類に増えれば，すべての組合せはおよそ10億通り．これくらいになると，31×30マスの表を埋める動的計画のほうが圧倒的に速くなります．お菓子の種類が1つ増えれば，しらみつぶし探索と動的計画の速度比がだいたい2倍増えるのです．

しかし，動的計画にも弱点はあります．何でしょうか？　考えてみてください．まず1つ目に考えられるのは，合計金額が大きいと，遅くなりそうだな，ということです．動的計画は，先ほど作った表が大きくなれば大きくなるほど，それだけ手間がかかります．遠足のおやつ問題では，金額を10円刻みで300円までしか考えませんでしたが，もっと高額な物品を扱い，合計金額が1億円の問題を解こうとすると，1円刻みなら，表の横軸に1億個のマスが並ぶことになります．人間には到底扱える代物ではありませんし，コンピュータで計算させてもかなり苦労しそうです．さらに，値段が整数でないと表が作れない，という弱点もあります．（小数点2桁までしかない，ということがわかっていれば，全部の金額に100をかけて整数にしてから解けば良いですが）

数ある数理計画問題の解法に対して，動的計画の特徴をあげるとすれば，「制約の少ない最適化問題を，比較的高速に解ける」ということだといえるでしょう．遠足のおやつの問題の制約は，「金額の合計が300円」という，すべてのお菓子に関わる制約が1つあるだけだったので，うまく動的計画が使えたのです．これが，例えば「チョコレートと飴玉は一緒に持っていきたくない」「ポテトチップスとコーンスナックのどちらかは必ず持っていく」というような制約がどんどん増えていくと，増えた分だけ時間がかかるようになり（だいたい制約が1つ増えると，時間は2倍かかるようになると考えてよいです），多くの制約を持つ問題ではとてもとても多大な時間を消費することになります．

このような，制約式の少ない問題としては，**ナップサック問題**（以下で解説）及びその変形，**1機械スケジューリング問題**（納期のある仕事候補の中か

ら，実行可能で利益最大の仕事の組を見つける問題）などがあります．その他，動的計画を用いて計算できるものとして，**最適停止問題**，**投票力指数計算**（投票力指数の章を参照）などがあります．その他，他の数理計画問題の子問題に現れる比較的簡単な問題を，動的計画で高速に解く，という使われ方もします．

動的計画で組合せの数を計算しよう

サブセットサム問題の解の数を動的計画法で数えてみましょう．つまり，$a_1, \cdots, a_n$ の組合せで，合計がちょうど b となるものの数を数える，という問題です．まず，以下の問題を考えます．

問題 i：$a_1, \cdots, a_i$ の組合せで，合計がちょうど k となるものの数を各 $0 \leq k \leq b$ について求めよ．

この問題を $i = 1, \cdots, n$ について順々に解きましょう．問題 1 は簡単に解けます．その答えを，サブセットサム問題のときと同じように，表に書きましょう．問題 i でちょうど k になる組合せの数は，問題 $i-1$ でちょうど k になる組合せの数と，ちょうど $k - a_i$ になる組合せの数の和になります．ですので，サブセットサム問題と同じように，問題 $1, 2, 3, \cdots$ と答えの表を埋めていくことができます．最後に，問題 n の答えの表が埋まれば，もとの問題の答えが求まります．次の例は，数字 $1, \cdots, 6$ の組合せで合計が 9 になるものの数を調べるために作った動的計画法の表です．

合計	0	1	2	3	4	5	6	7	8	9
$a_1 = 1$	1	1	0	0	0	0	0	0	0	0
$a_2 = 2$	1	1	1	1	0	0	0	0	0	0
$a_3 = 3$	1	1	1	2	1	1	1	0	0	0
$a_4 = 4$	1	1	1	2	2	2	2	2	1	1
$a_5 = 5$	1	1	1	2	2	3	3	3	3	3
$a_6 = 6$	1	1	1	2	2	3	4	4	4	5

6 行目の合計 9 の部分に書かれた 5 が，合計が 9 になる 1 から 6 の数字の組合せの数になります．この問題，一見して頭で考えるだけでは難しいですが，動的計画法を使えば，比較的簡単に，しかも確実に答えがわかるのです．

15.3 ナップサック問題を解こう

動的計画の2つ目の例として、**個数制限つきのナップサック問題**に対する動的計画を紹介しましょう。先ほどの遠足のおやつ問題、つまりサブセットサム問題はあまりにも単純だったので、少々複雑な問題にも動的計画は使えるのだ、ということをご覧に入れます。

> **ナップサック問題, 個数制限つきナップサック問題**
> ナップサック問題は、荷物 i の重さが a_i、価格が c_i であるような荷物 $1, \cdots, n$ と容量 b が与えられたとき、重さの合計が b 以下で価格の合計が最大になるような荷物の組合せを求めなさい、という問題.
> 個数制限つきナップサック問題は、ナップサック問題に、k 個以下の荷物の組合せの中で、という制約がついたもの.

問題と動的計画の説明は、以下の例を使ってしましょう.

> ■**例題 15.5** フリーマーケットの問題
> フリーマーケットで、以下の品物を売却しようと思います。ただし、品数・重量制限があり、5個、7kgまでしか持って行けません。売値を最も大きくしたいのですが、どの品物を持って行けばよいでしょうか？
>
> ラジカセ（3 kg, 5000 円）、セーター（500 g, 2000 円）、ジャケット（1 kg, 3000 円）、お鍋（2 kg, 1000 円）、アイロン（1.5 kg, 1000 円）、CD 5 枚組（1 kg, 3000 円）、壁掛け時計（1.5 kg, 2000 円）、ワンピース（1 kg, 2000 円）

フリーマーケットの問題は，品物が荷物，売値が価格だと思えば，個数制限つきナップサック問題になります．（個数制限つき）ナップサック問題も，さきほどのサブセットサム問題と同様，まともに解こうと思うと，数多くの組合せをチェックすることになり，非常に時間がかかります（この例くらい品物が少なければ，簡単に解けるのですが）．そこで，動的計画の登場となります．

　先ほどの問題同様，1つ品物の数を少なくした問題を考えて，その問題の答えから，もとの問題の答えがわかるような仕組みを考えましょう．サブセットサムの場合，小さくした問題では，合計金額が 1, ⋯, 300 円になる組合せを見つけていました．この問題でも同じ手が使えそうですが，実はうまくいきません．なぜでしょうか？　それは，品物の個数と重量制限を考えていないからです．サブセットサムの場合の小さくした問題では，合計金額が 1, ⋯, 300 円になる組合せを見つけていましたが，その組合せが何個の品物でできているか，いったいどれくらいの重量なのかについては，一切情報がありません．ですので，例えば売値の合計が 7000 円になる組合せがある，ということはわかるのですが，はたしてその組合せが重量制限と個数制限をクリアしているかどうかはわからないのです．

第15章　小さい順に解くのがミソ

個数制限と重量制限を取り扱うためには，先ほどの表に個数と重量の情報を加えた表を作る必要があります．そこで，こんな問題を考えましょう．

■例題 15.6　8 種類の問題
　　　ラジカセ，セーター，ジャケット，鍋，アイロン，CD 5 枚組，
　　　壁掛け時計，ワンピース
の組合せで，重さの合計が $0, 0.5, 1, 1.5, \cdots, 7$ kg に，個数が $0, 1, \cdots, 5$ になるものそれぞれの中で，もっとも売値の合計が大きいものを求めなさい．
（重さの合計が 2.5 kg，個数が 3 個の組合せでもっとも売値の合計が大きいもの，重さの合計が 3.0 kg，個数が 4 個の組合せでもっとも売値の合計が大きいもの，というように，それぞれの重さの合計と個数について，売値の合計が最も大きい組合せを求める，というものです．）

個数＼重さ	0	0.5	1	1.5	……	6.0	6.5	7.0
0	0	×	×	×	……	×	×	×
1	×	2000	3000	2000	……	×	×	×
2	×	×	×	5000	……			
3	×				……			
4	×				……			
5	×				……			

サブセットサム問題のように，表を考えましょう．横軸が重さの合計，縦軸が個数になっていて，各マスに，重さの合計と個数がそのマスと一致する組合せの中で，売値の合計が最も大きい組合せを書きます．そのような組合せがひとつもないときは，×を書きます．どのような荷物の組合せも，この表のどこかのマスに対応します．各マスには，そのマスに入る組合せの中でもっとも売値の大きいものが入っているわけですから，すべてのマスの中でもっとも売値の大きな組合せを見つければ，それが例の答えになるわけです．

先ほどと同じように，この表を埋めるため，ワンピースを取り除いて，1つ品物を少なくした問題を考えましょう．

> ■例題 15.7　7種類の問題
> 　　ラジカセ，セーター，ジャケット，鍋，アイロン，CD 5 枚組，壁掛け時計
> の組合せで，重さの合計が 0，0.5，1，1.5，…，7 kg に，個数が 0，1，2，…，5 になるものそれぞれの中で，もっとも売値の合計が大きいものを求めなさい．

7 種類の問題の答えから 8 種類の問題の表を埋める方法を説明しましょう．例として，重さ合計 5 kg，個数 4 個のマスを埋める場合を考えます．重さ合計 5 kg，個数 4 個の組合せが，ワンピースを含んでいるならば，ワンピースを取り除くと重さ合計 4 kg，個数 3 個の組合せになります．もしワンピースを含まなければ，それは，ワンピース以外の品物で，重さ合計 5 kg，個数 4 個の組合せを作っていることになります．ということは，重さ合計 5 kg，個数 4 個のマスには，7 種類の問題の，①重さ合計 5 kg，個数 4 個の組合せか，②重さ合計 4 kg，個数 3 個の組合せにワンピースを加えたもののみが入ることになります．ですので，この①の売値最大の組合せと，②の売値最大の組合せにワンピースの値段 2000 円を加えたものの大きいほうが，8 種類の問題の表の重さ合計 5 kg，個数 4 個の売値最大の組合せになるのです．どちらかのマスに×がついている，あるいはそのようなマスがない場合は，そのマスは候補に入れません．①と②両方に×がついている場合は，×を書きます．

個数＼重さ	0	0.5	1.0	1.5	……	4.0	4.5	5.0	5.5	6.0	6.5	7.0
0	0	×	×	×	……	×	×	×	×	×	×	×
1	×	2000	3000	2000	……	×	×	×	×	×	×	×
2	×	×	×	5000	……	8000	7000	6000	×	×	×	×
3	×				……	7000	10000	11000	10000	9000	8000	×
4	×					②	9000	9000	①			
5	×											

（①の金額 9000 円）と（②の金額 7000 円＋ワンピース 2000 円）の大きいほう（ここでは偶々同値）を選ぶ．もし両方に×がついていたら，×をつける．

この方法で，8種類の問題の表のすべてのマスは，7種類の問題の表から計算できることがわかりました．ですので，まず1種類の問題の表を作り，それを使って2種類の問題，3種類の問題と解けば，最後には8種類の問題が求められます．

サブセットサムの問題とこの問題では，「ひとつ小さな問題の作り方」が大きく異なっています．表の作り方も，「そのマスに入る組合せがあれば○をつける」だったのが，今回は「そのマスに入る組合せの中の売値合計最大のものを書く」になりました．このように，問題それぞれによって，解き方を変える，つまり，表の作り方をいろいろ考える必要があるのです．

15.4 まとめと参考文献

この章では動的計画とはどのようなものなのか，サブセットサム問題と個数制約付きナップサック問題の例を使って解説しました．動的計画の基本的な設計思想と，なぜこれで問題が解けるのか，この2点を理解していただければ良いと思います．本書以外の文献でも，動的計画を解説しているものは数多くあります．それらの文献の中からいくつかを紹介しますので，より深い解説に興味のある方はご参照ください．

- ■ 今野浩・鈴木久敏『整数計画法と組合せ最適化』日科技連（1982）
  ナップサック問題の動的計画の解説があります．大学4年程度向き．
- ■ T.H.コルメン他／浅野哲夫他訳『アルゴリズムイントロダクション第2巻』近代科学社（1995）
  様々なコンピュータアルゴリズムの解説をする入門書．動的計画の解説も掲載．大学4年程度向け．

演習問題

15.1 次のサブセットサム問題を，動的計画で解いてみましょう．
問題：1, 5, 6, 8, 10, 12 の組合せで合計がちょうど22になるものがあるかどうか答えなさい．

	0	1	2	3	4	5	6	7	8	9	10	11	12	13	14	15	16	17	18	19	20	21	22
1種類	○	○	×	×	×	×	×	×	×	×	×	×	×	×	×	×	×	×	×	×	×	×	×

(ヒント：これは1種類の問題の答えの表です．これを，2種類，3種類と大きくしましょう)

15.2 次のナップサック問題を動的計画で解いてみましょう．

問題：重さが 1, 4, 5, 6, 7, 9，価値が 2, 6, 4, 8, 10, 9 の荷物の組合せで，重さ合計が 19 以下のものの中で価値の合計が最大になるものを求めなさい．

	0	1	2	3	4	5	6	7	8	9	10	11	12	13	14	15	16	17	18	19
1種類	0	2	×	×	×	×	×	×	×	×	×	×	×	×	×	×	×	×	×	×

(ヒント：これは1種類の問題の答えの表です．これを，2種類，3種類と大きくしましょう)

15.3 ナップサックが2つあり，それに重さが $a_1, \ldots, a_{10}$ の荷物を詰め込みます．それぞれのナップサックに詰め込める重量は b_1 と b_2 です．このナップサックになるべく総重量が大きくなるような品物の詰め込み方を求めたいのですが，そのためにはどのような動的計画を使えばよいでしょうか．

演習問題の解答

2.1 例題 2.1 との違いは液体の納入方法です．大量の液体が瞬時に納入されるのは非現実的で，実際は，ここでの時間をかけ納入されるのが自然でしょう．

一回当たりの発注量を x（トン）とします．1 日 9 トンの割合で納入されるので，納入が終わるまでに $x/9$（日）かかります．ここで，納入終了時に発注した x（トン）がタンクに溜まっていないことに注意しましょう．納入中も毎日 5 トンの割合で消費されるので，実際は 1 日 4（= 9−5）トンの割合でタンクに溜まります．つまり，納入終了時には 4（トン）× $x/9$（日）= $4x/9$（トン）が在庫量です．一方，発注量 x（トン）がすべて消費されるのには $x/5$（日）かかります．以上よりタンク内の在庫量の変動は以下のように描けるでしょう．

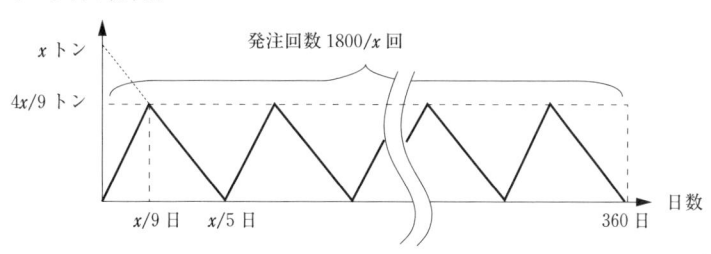

発注回数は $1800/x$（回）なので，

$$（年間発注費）= 100（万円/回）\times \frac{1800}{x}（回）= \frac{180000}{x}（万円）$$

です．一方，図より保管費は最も在庫量が多い $4x/9$（トン）を 1 年間保有した場合の半分で計算できます．つまり

$$(\text{年間保管費}) = \frac{4x}{9} \times 4(\text{万円/年}) \times \frac{1}{2} = \frac{8x}{9}(\text{万円})$$

です．両方を合わせて，

$$(\text{年間在庫関連費}) = \frac{180000}{x} + \frac{8x}{9}(\text{万円})$$

となります．この関数をグラフに描き，最小となる x を求めると 450 （トン）となり，最適発注量は 450 トンです．状況設定が変わっても，最適発注量を導出する手順は同じですね．

2.2 発注点はリードタイム内での需要量で決まるので，80（日）×5（トン／日）＝400（トン）が答えになりそうです．しかし，例題 2.2 で在庫を経済的に管理する場合は下の図のように在庫量が 400 トンにはならず不適切です．

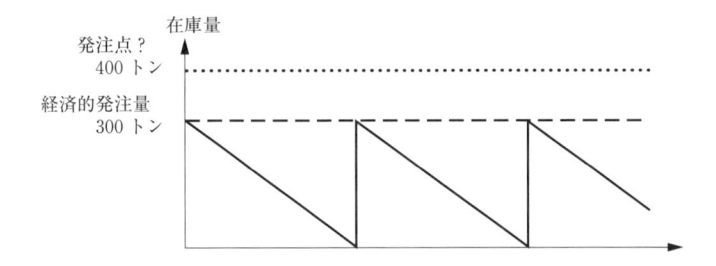

この場合，最適発注量分を引くと都合よく発注点を設定できます．つまり，最適発注量は 300 トンなので，その差：400−300＝100 トンを発注点とするのです．すると，下の図のように在庫が次に 0 になる時期に納入されるよう修正できます．答えを聞いてしまうと簡単な仕掛けです．

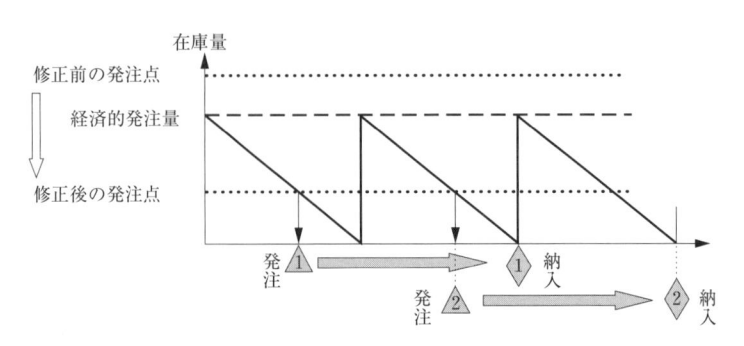

3.1 消費量に変動が無いときの例題2.3での答は「100トンを発注」でした．しかし，消費量に変動のあるこの問題で100トンの発注では平均的な消費量にしか対応していないので品切れ率は50％です．品切れ率を5％以内にするにはもう少し多目に発注をする必要があります．もちろん多く発注すればするほど品切れ率は低下しますが，それに応じ保管コストも増大していくので，できる限り少ない発注量，つまり，ちょうど品切れ率5％が適切でしょう．安全在庫量は（標準偏差）に安全係数1.645を乗じることで求めることができますので，次では（標準偏差）の部分の求め方について議論を集中させましょう．

発注点法の場合は「リードタイム」の（標準偏差）を用いました．これは，消費量の予測期間がリードタイムだったからです．一方，定期発注法での消費量の予測期間は「リードタイム＋発注間隔」です．この違いは例題2.3での解説からもう一度理解してください．そうなるとこの問題での予測期間は，リードタイム：40日＋発注間隔：30日で70日間となります．1日の消費量の標準偏差が3トンなので，

（70日間での標準偏差）＝ 3トン×$\sqrt{70}$ ＝約25.1トン

と計算でき，安全係数1.645を乗じて，

（安全在庫量）＝（安全係数）×（予測期間の標準偏差）
$$= 1.645 \times 25.1 = 41.29 \text{トン}$$

となり，適切な発注量は100トンに安全在庫量を加えた141.29トンです．

4.1 (1) 作業数も多く，どう描いてよいか身構えてしまいそうです．でも，4.2節の手順に沿って順に描いていくと，難なく以下のアロー・ダイアグラムが姿を見せます．

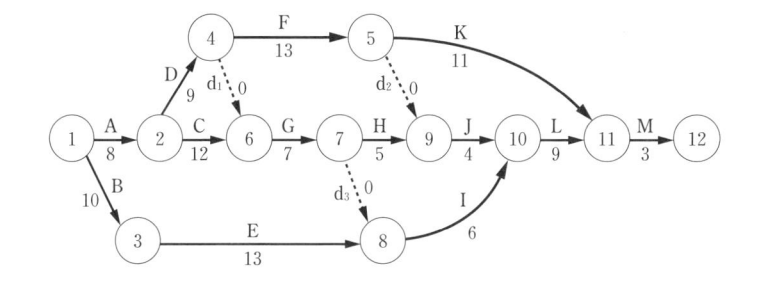

(2) 手順に沿って，点の最早（最遅）開始日，それから，各作業の最早（最遅）開始日，余裕日数を求め，クリティカルパス上の作業を見つけましょう．以下のアロー・ダイアグラムでの太線がクリティカルパスになります．

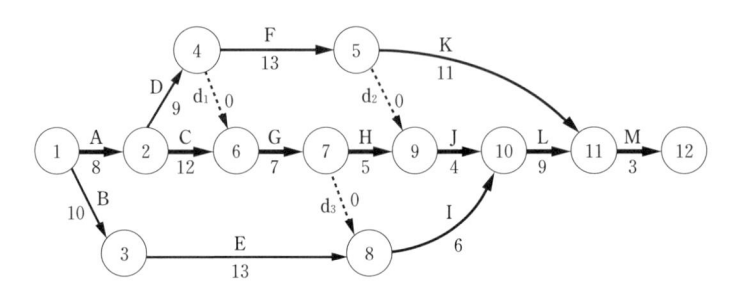

4.2 アロー・ダイアグラムを描き，各特性値を導出し，プロジェクトの最早完了日数は 13 日とわかります．また，クリティカルパスを太線で示してみます．

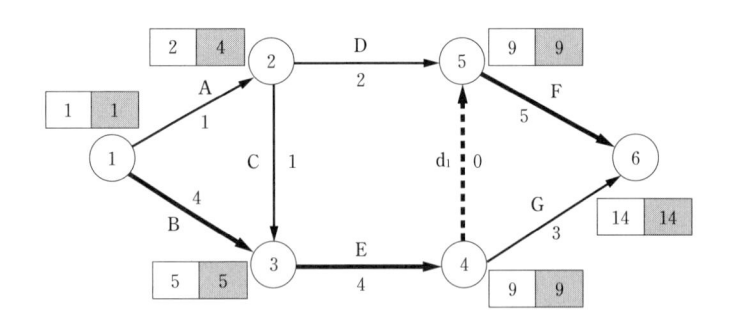

さて，プロジェクトの最早完了日数を短縮するにはクリティカルパス上の作業を短縮するしかありません．つまり，短縮効果のある作業は，B，E，Fで（ダミー作業 d_1 は短縮不可なので除きます），この中で最も短縮費用が安い「作業E」が答えになります．作業リストを眺めているだけでは，的確な投資判断はできませんね．

5.1 50 円玉が使用可能になり，支払方法は［百円玉 1 枚］，［五十円玉 2 枚］，［五十円玉 1 枚と十円玉 2 枚］，［十円玉 7 枚］の 4 パターンに増えます．ちなみに，百円玉 1 枚と十円玉 2 枚で 50 円玉 1 枚のおつりといったパターンは 10 円玉しかおつりに使えないので，また，必要以上に多くの

枚数で支払う場合は過剰分を返金してしまえばよいので考慮する必要はありません．さて，各々の払い方をした場合に，十円玉の枚数にどのような変化があるかまとめてみましょう．

　　　　［百円玉1枚］　　　　　　10円玉は3枚減る
　　　　［五十円玉2枚］　　　　　10円玉は3枚減る
　　　　［五十円玉1枚と十円玉2枚］10円玉は2枚増える
　　　　［十円玉7枚］　　　　　　10円玉は7枚増える

各々の出現は等確率，つまり，0.25と仮定しましょう．乱数を二桁で利用し，次のように十円玉の枚数の変化を対応させます．

　　　　00～24：［百円玉1枚］⇔3枚減
　　　　25～49：［五十円玉2枚］⇔3枚減
　　　　50～74：［五十円玉1枚と十円玉2枚］⇔2枚増
　　　　75～99：［十円玉7枚］⇔7枚増

あとは，乱数にしたがって，実験を楽しんでください．

(2) Excelを利用して実験を約1万回行った場合の結果をまとめたのが以下のグラフです．

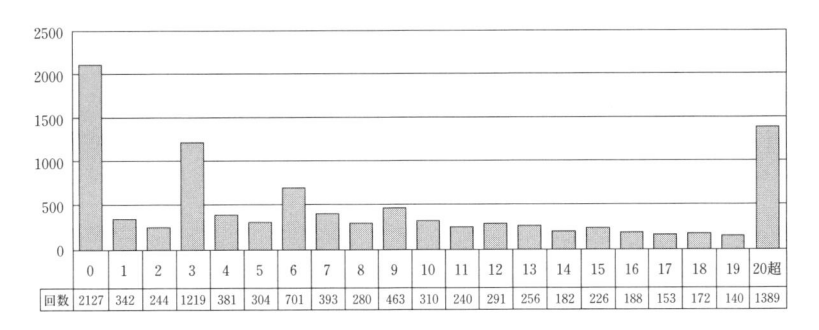

回数	0	1	2	3	4	5	6	7	8	9	10	11	12	13	14	15	16	17	18	19	20超
	2127	342	244	1219	381	304	701	393	280	463	310	240	291	256	182	226	188	153	172	140	1389

準備しておくべき枚数のほとんどは100枚未満でしたが，ひとつの例だけ145枚必要との場合がありました．傾向として50円玉導入前と比べて，10円玉の必要枚数が増えています．50円玉の導入で，10円玉が投入される機会が減少したことが，準備枚数増加に結びついているようです．出現頻度全体の95%は29枚以内に集中しています．20日に1回程度のつり銭切れは致し方ないと割り切り，「10円玉を営業前に29枚準備する」と提案したいと思います．

6.1 問題の設定を，この 6.1 節で紹介した用語を使って整理してみます．
- 到着率 λ は不明
- サービス率 $\mu = 10$（件）← 平均 6 分で 1 件処理より
- 回線数 $s = 50$（回線）
- 回線の「空き」確率 $R = 0.5$

以上の数値を式に代入して，未知数 λ を求めてみます．

$$0.5 = \frac{50 \times 10}{\lambda + 50 \times 10} \quad \longrightarrow \quad \lambda = 500$$

よって，λ は到着率，つまり 1 時間あたりに着信する数なので，時間あたり 500 件の利用要求があるとわかります．サービス向上のためには，もう少し回線を増設したほうがよさそうですね．

6.2 このアイス売り場を待ち行列系と見立て，まずは基本的なデータとなる到着率 λ とサービス率 μ を整理してみましょう．
- 到着率 $\lambda = 12$（人）
- サービス率 $\mu = 20$（人）← 客一人の対応に平均 3 分より

稼働率 ρ は，λ を μ で割った値なので，0.6 です．つまり，アイス屋に客がいない確率は $0.4 (= 1 - 0.6)$ となります．一方，6.3.2 節より行列の長さの平均は $\rho/(1-\rho)$ なので，$\rho = 0.6$ を代入し，1.5（人）と得られます．さらに，客が店に滞在している時間の期待値の式 $1/(\mu - \lambda)$ より，0.125（時間）= 7.5（分）となります．7.5 分のうち，対応を受けている時間の平均が 3 分と考えると，そう待たずにアイスを味わうことができそうなアイス売り場のようですね．

7.1 まず，各評価項目ごとの重要度を計算しましょう．

	授業料	人数	曜日	調和平均	重要度
授業料	1	1/5	1/10	$3/16 \fallingdotseq 0.19$	0.06
人数	5	1	1/5	$3/6.2 \fallingdotseq 0.48$	0.16
曜日	10	5	1	$3/1.3 \fallingdotseq 2.31$	0.78
	調和平均の総計			2.98	

次に，各評価項目における各校の重要度を計算します．

授業料	調和平均	重要度
A	2.31	0.78
B	0.19	0.06
C	0.48	0.16

人数	調和平均	重要度
A	0.19	0.06
B	2.31	0.78
C	0.48	0.16

曜日	調和平均	重要度
A	0.19	0.06
B	2.31	0.78
C	0.48	0.16

これらの値を元に表を作成し，総合評価を計算すると次のようになります．

	授業料 0.06	人数 0.16	曜日 0.78	総合評価
A	0.78	0.06	0.06	0.1032
	0.0468	0.0096	0.0468	
B	0.06	0.78	0.78	0.7368
	0.0036	0.1248	0.6084	
C	0.16	0.16	0.16	0.1600
	0.0096	0.0256	0.1248	

したがって，鈴木さんは，一番総合評価の値の大きい英会話スクールBを選択するのが適当であるといえます．

8.1 ナッシュ均衡は，

(A社：協力，B社：協力)，(A社：独自，B社：独自)

という行動のペアです．

B社の「協力」に対し，A社の「協力」は，最適な行動になっており，またA社の「協力」に対し，B社の「協力」も最適な行動になっています．

したがって，A社とB社の行動のペア（協力，協力）はナッシュ均衡です．同様にして（A社：独自，B社：独自）のペアもナッシュ均衡であることが確認できます．

8.2 ナッシュ均衡は，

(「ぐるぐるアイス」：240円，「ロバアイス」：240円)

の行動のペアです．

「ぐるぐるアイス」のマックスミニ値は

$\max\{\min\{4, 1\}, \min\{10, 5\}\} = \max\{1, 5\} = 5$

です．したがって，ぐるぐるアイスのマックスミニ戦略は「240円」になります．

「ロバアイス」のマックスミニ値は

$$\max\{\min\{4,1\},\ \min\{10,5\}\} = \max\{1,5\} = 5$$

です．したがって，ロバアイスのマックスミニ戦略も「240 円」になります．

「ぐるぐるアイス」，「ロバアイス」がともにマックスミニ戦略をとるなら，(240 円，240 円) という戦略の組が実現されます．

8.3 弁当屋 A のマックスミニ値は，

$$\max\{\min\{6,3\},\ \min\{4,8\}\} = \max\{3,4\} = 4$$

です．したがって，弁当屋 A のマックスミニ戦略は「サンドイッチ」になります．

弁当屋 B のマックスミニ値は，

$$\max\{\min\{4,6\},\ \min\{7,2\}\} = \max\{4,2\} = 4$$

です．したがって，弁当屋 B のマックスミニ戦略は「おにぎり」になります．

弁当屋 A，B がともにマックスミニ戦略をとるなら，(サンドイッチ，おにぎり) という戦略の組が実現されます．

9.1 (1) シャープレイ・シュービック指数

順列	ピヴォット	備考
(ABC)	C	$1+1 < 4 < 1+1+3$
(ACB)	C	$1 < 4 = 1+3$
(BAC)	C	$1+1 < 4 < 1+1+3$
(BCA)	C	$1 < 4 = 1+3$
(CAB)	A	$3 < 4 = 1+3$
(CBA)	B	$3 < 4 = 1+3$

A さんのシャープレイ・シュービック指数：1/6

B さんのシャープレイ・シュービック指数：1/6

C さんのシャープレイ・シュービック指数：4/6 = 2/3

(2) バンザフ指数

A さんを除いたグループ	スウィング	備考
{ } (誰もいない)	×	$0 < 4 > 0+1$
{B}	×	$1 < 4 > 1+1$
{C}	○	$3 < 4 = 3+1$
{B, C}	×	$1+3 = 4 < 1+3+1$

Bさんを除いたグループ	スウィング	備考
{ }（誰もいない）	×	0 < 4 > 0 + 1
{A}	×	1 < 4 > 1 + 1
{C}	○	3 < 4 = 3 + 1
{A, C}	×	1 + 3 = 4 < 1 + 3 + 1

Cさんを除いたグループ	スウィング	備考
{ }（誰もいない）	×	0 < 4 > 0 + 3
{A}	○	1 < 4 ≦ 1 + 3
{B}	○	1 < 4 ≦ 1 + 3
{A, B}	○	1 + 1 < 4 < 1 + 1 + 3

よって，

Aさんのバンザフ指数：1/4

Bさんのバンザフ指数：1/4

Cさんのバンザフ指数：3/4

9.2

順列	ピヴォット
ABC	C
ACB	C
BAC	C
BCA	C
CAB	C
CBA	C

Aさんのシャープレイ・シュービック指数：0/6 = 0

Bさんのシャープレイ・シュービック指数：0/6 = 0

Cさんのシャープレイ・シュービック指数：6/6 = 1

バンザフ指数は省略します．

10.1 男性最適安定マッチング

男性	好 ←——→ 嫌			女性	好 ←——→ 嫌		
A	z	ⓨ	x	x	A	Ⓑ	C
B	ⓧ	y	z	y	B	C	Ⓐ
C	ⓩ	y	x	z	Ⓒ	A	B

女性最適安定マッチング

男性	好 ←――→ 嫌			女性	好 ←――→ 嫌		
A	z	y	(x)	x	(A)	B	C
B	x	(y)	z	y	(B)	C	A
C	(z)	y	x	z	(C)	A	B

12.1 それぞれのメニューを何百グラム作るかを表す変数を x_1, x_2, x_3, x_4 とします．これらはマイナスになっては困るので，$x_1 \geqq 0$, $x_2 \geqq 0$, $x_3 \geqq 0$, $x_4 \geqq 0$ という制約がつきます．

材料の分量から，

$$40x_4 \leqq 300 \text{（豚肉の制約）}$$
$$40x_1 + 60x_3 \leqq 500 \text{（鶏肉の制約）}$$
$$30x_2 + 40x_4 \leqq 300 \text{（キャベツの制約）}$$
$$20x_1 + 20x_2 + 20x_3 + 10x_4 \leqq 300 \text{（人参の制約）}$$
$$10x_1 + 20x_2 + 20x_3 + 10x_4 \leqq 200 \text{（椎茸の制約）}$$

という制約が出てきます．スープを500g以上，炒め物を500g以上作らなければならないので，

$$x_1 + x_2 \geqq 5, \quad x_3 + x_4 \geqq 5$$

という制約が出てきます．ここに適当な目的関数を設定すると線形計画問題になります．

12.2 A, B, C, D さんと会う時刻（分）を x_A, x_B, x_C, x_D としましょう．それぞれのお客さんの会合は25分なので，会う時間は25分以上離れている必要があります．よって，

$$x_A + 25 \leqq x_B \quad x_B + 25 \leqq x_C \quad x_C + 25 \leqq x_D$$

という制約が出てきます．A さんと会う時間が10分からずれると，ずれた分だけ罰金をとられます．時刻のずれは $|x_A - 10|$ ですので，ずれに対する罰金は $10 \times |x_A - 10|$ 円となります．同様に他の人の罰金も計算すると，目的関数は

$$10 \times |x_A - 10| + 10 \times |x_B - 40| + 10 \times |x_C - 70| + 15 \times |x_D - 80|$$

を最小にすることになります．これを，絶対値を普通の線形計画に直す

方法を使って変形すると，

> 目的：$10t_A + 10t_B + 10t_C + 15t_D$ の最小化
> 条件：$t_A \geqq x_A - 10$　　　$t_A \geqq -(x_A - 10)$
> 　　　$t_B \geqq x_B - 40$　　　$t_B \geqq -(x_B - 40)$
> 　　　$t_C \geqq x_C - 70$　　　$t_C \geqq -(x_C - 70)$
> 　　　$t_D \geqq x_D - 80$　　　$t_D \geqq -(x_D - 80)$
> 　　　$x_A + 25 \leqq x_B$　　$x_B + 25 \leqq x_C$　　$x_C + 25 \leqq x_D$

という線形計画の問題ができあがります．これを解けば，最も罰金の少ないスケジュールができ上がります．

12.3　絶対値の式を通常の不等式に直すため，新たに変数を用意しましょう．絶対値の項1つにつき1つの変数を用意します．つまり，$|3x_1 + x_2 - 8|$ には t_1 を，$|x_3 - 5|$ には t_2 を，$|2x_1 + 2x_2|$ には t_3 を用意します．そして，t_1 が $|3x_1 + x_2 - 8|$ より大きくなる，t_2 が $|x_3 - 5|$ より大きくなる，t_3 が $|2x_1 + 2x_2|$ より大きくなるように制約を入れましょう．これらの制約は，

$t_1 \geqq 3x_1 + x_2 - 8$　　　$t_1 \geqq -(3x_1 + x_2 - 8)$
$t_2 \geqq x_3 - 5$　　　　　　$t_2 \geqq -(x_3 - 5)$
$t_3 \geqq 2x_1 + 2x_2$　　　　$t_3 \geqq -(2x_1 + 2x_2)$

となります．これらの条件を，問題に追加し，それぞれの絶対値の項を t_1, t_2, t_3 で置き換えると，

> 目的：$t_1 + t_2$ の最小化
> 条件：$t_3 \leqq 6$
> 　　　$x_1 + x_3 \leqq 5$
> 　　　$t_1 \geqq 3x_1 + x_2 - 8$　　　$t_1 \geqq -(3x_1 + x_2 - 8)$
> 　　　$t_2 \geqq x_3 - 5$　　　　　　$t_2 \geqq -(x_3 - 5)$
> 　　　$t_3 \geqq 2x_1 + 2x_2$　　　　$t_3 \geqq -(2x_1 + 2x_2)$

となります．$t_1 + t_2$ は $|3x_1 + x_2 - 8| + |x_3 - 5|$ より大きいので，$t_1 + t_2$ を小さくすると自動的に $|3x_1 + x_2 - 8| + |x_3 - 5|$ も小さくなり，目的関数を $|3x_1 + x_2 - 8| + |x_3 - 5|$ にしたものと同じ意味合いになります．ですので，この線形計画問題は，元の線形計画問題と同じ最適解を持つ問題になり

ます．

12.4 x_1 は 1 から 5 までの整数にしかならないので，$x_1 = 1$ の場合の最適解，$x_1 = 2$ の場合の最適解，…，$x_1 = 5$ の場合の最適解を求めて，その中で一番良いものを持ってくれば，それが問題の最適解になります．$x_1 = 1$ の場合の最適解を求めるには，問題から「x_1 は 1 から 5 までの整数」の制約を抜き，代わりに $x_1 = 1$ という制約を追加した問題を解けばよいです．同様にして $x_1 = 2$ の場合の最適解，…，$x_1 = 5$ の場合の最適解も求められます．結局，5 個の線形計画問題を解いて，その中で一番良いものを選ぶことになり，線形計画問題を解くソフトだけで，解くことができます．

13.1 アイス A, …, H を売りに出すときに 1，そうでないとき 0 になる変数 x_A, …, x_H を準備し，この変数の組を最適化する問題を作りましょう．まず，制約として，

$x_A, …, x_H = 0$ または 1

が入ります．アイスは 5 種類しか出せないので，

$x_A + … + x_H \leq 5$

という制約がつきます．目的関数は，売り出すアイスの儲けの合計なので，各変数にそのアイスの儲けをかけたものの総和，つまり $3000x_A + 3500x_B + … + 4500x_H$ になります．それと，①から③の条件を等式・不等式にしてまとめると，

目的：$3000x_A + 3500x_B + … + 4500x_H$ の最大化

条件：$x_A + … + x_H \leq 5$

① $x_A + x_B + x_C \geq 2$ (x_A, x_B, x_C のうち最低 2 つは 1 にする（売り出す））

② $x_C + x_E + x_G = 1$ (x_C, x_E, x_G のうち 1 つを 1 にする（売り出す））

③ $x_G + x_H \leq 1$ (x_G, x_H のうち最大 1 つが 1 になる（売り出す））

$x_A, …, x_H = 0$ または 1

という数理計画ができあがります．これを解けば，最も儲けの大きいアイスの組合せが見つかります．

13.2 この問題は，各科目の授業を時限に割当てる，割当て問題だと解釈できます．そこで，本文で解説した，割当て問題を数理計画で表現する方法

を使いましょう．英語・国語・代数・幾何・物理・化学の各教科に対して，その授業を1時限目に行う場合1，そうでない場合に0になる変数を $x_{A1}, \cdots, x_{F1}$ とし，同じく2時限目に行う場合に1，そうでない場合に0となる変数を $x_{A2}, \cdots, x_{F2}$ とします．制約条件は，

$x_{A1}, \cdots, x_{F2} = 0$ または 1　　（変数が0，1をとる）

$x_{A1} + x_{A2} = 1$　　（英語は1時限目か2時限目のどちらか1つだけで行う）

……

$x_{F1} + x_{F2} = 1$　　（化学は1時限目か2時限目のどちらか1つだけで行う）

$x_{A1} + \cdots + x_{F1} = 3$　　（1時限目に3つの授業をする）

$x_{A2} + \cdots + x_{F2} = 3$　　（2時限目に3つの授業をする）

となります．これに①と②の制約追加しましょう．

① $x_{C1} + x_{D1} \leqq 1$　（1時限目に数学科目が2つあってはいけない）

① $x_{C2} + x_{D2} \leqq 1$　（2時限目に数学科目が2つあってはいけない）

② $x_{A1} = 1$　（英語は1時限目）

② $x_{B1} = 1$　（国語は1時限目）

以上の制約条件を満たす，実行可能な解が時間割になります．数理計画のソフトで解く場合は，適当に目的関数を設定して最適解を求めればよいです．最適解はすべての条件を満たすので，条件を満たす時間割を表します．

13.3　省略

14.1, 14.2　ダイクストラ法の計算結果から，A町からD橋のたもとまでの最短所要時間が16分であることがわかります．よって，D橋を通るA町からB町までの最短所要時間は，橋を通過するのにかかる29分を加えて45分となります．A町からB町までの最短路が42分ですので，C橋通過の所要時間が3分増えたところで，両方の時間が同じになります．

14.3　A町からバイパスの始点までの最短所要時間が18分，バイパス終点からB町までの最短所要時間が11分ですので，バイパスを通る最短所要時間は，バイパス以外の部分が29分となります．A町からB町への最短所要時間が42分ですので，13分以内に通過できれば，バイパスを使うルートが最短ルートとなります．

14.4　最も安い，全ての支店を結ぶネットワークは，最小木になります．クラ

スカル法で求めてみましょう．

14.5 このネットワークでは，どの一本を切ってもネットワークがつながっているようにするためには，最低2本の枝を追加する必要があります．2本の枝の組合せとしてはいくつかの候補がありますが，250の枝と200の枝をつなぐと，最も安くなります．

14.6 200より安くなると，最小木にこの回線が入るようになります（クラスカル法で確認してみましょう）．そうなると，最小木のコストが小さくなるので，200より安い値段で引いてもらえば良いです．

15.1 省略

15.2 省略

15.3 まず，以下の問題 i を考えます．

> ■問題 i：
> 重さが $a_1, \cdots, a_i$ の荷物を2つのナップサックに詰め込み，片方の重さが k_1，もう片方が k_2 になるようにできるか，すべての k_1 と k_2 の組について答えなさい．

問題 i−1 の答えの表を使って問題 i の答えの表が埋められれば，動的計画法でもとの問題が解けます．例えば $a_1=1$，$a_2=2$ のときの問題 2 のときの答えの表は

k_1＼k_2	0	1	2	3	4	⋯
0	○	○	○	○	×	
1	○	×	○		×	
2	○	○	×	×	×	
3	○	×	×	×	×	
4	×	×	×	×	×	
⋯						

となります．この表を使って，問題3の答えを求めましょう．問題3で，片方の重さが k_1，もう片方が k_2 となるような詰め方があるときは，3番目の荷物を取り去ったときに，ナップサックの重さは，

- 両方に3番目の荷物が入っていないと，片方が k_1，もう片方が k_2
- 最初のナップサックに3番目の荷物が入っていると，片方が k_1，もう片方が $k_2 - a_3$

- もう片方のナップサックに3番目の荷物が入っていると，片方が $k_1 - a_3$, もう片方が k_2

となります．ですので，問題2の答えの表の，これらのマスのどこかに○がついていれば，問題3の答えの表の k_1 と k_2 のマスに○がつきます．この作業を繰り返して，問題10を解けば，$a_1, \cdots, a_{10}$ の荷物を使った，元の問題の全ての可能な組合せがわかります．あとはその中で総重量が最も大きいものを選べば，元の問題の最適解がわかります．

事項索引

アルファベット

ABC 分析　　40, 43
AHP　　91, 92
EOQ　　15
EOQ 公式　　17
G-S アルゴリズム　　128
JIT　　43
MRP　　43
PERT　　54
PERT 計算表　　57
SCM　　43

ア

アロー・ダイヤグラム　　51
安全係数　　37
安全在庫　　37
安定結婚問題　　125, 128
安定マッチング　　127

イ

1 機械スケジューリング問題　　214
1 次　　152
一対比較　　93
一対比較値　　93

エ

枝　　195

オ

オペレーションズ・リサーチ　　1
重み付き多数決ゲーム　　116

カ

開始点　　50
階層図　　93
解法　　144
稼働率　　85
ガントチャート　　47
カンバン方式　　25, 43

キ

幾何平均　　94
疑似乱数　　69
客　　83
逆探索　　181
協力ゲーム　　103
行列の長さ　　83
局所最適解　　179
局所探索　　179
近傍　　179
近傍探索　　179

ク

組合せ最適化　　170
組合せ最適化問題　　170
クラスカル法　　201
クリティカルパス　　58

ケ

経済的発注量　　15
ゲーム　　103
ゲーム理論　　103, 116
ゲール　　128

ゲール・シャープレイアルゴリズム
　　　　128
研修医マッチング　　135
限定操作　　177

コ

後続作業　　46
候補群　　93
個数制限つきのナップサック問題
　　　　216
子問題　　177

サ

最急降下法　　146
在庫　　10
在庫管理　　7
在庫管理法　　18
在庫関連費　　10
最小木問題　　200
最小費用流問題　　203
最短絡問題　　194
最適解　　153
最適停止問題　　215
最適反応戦略　　107
作業　　45
作業の最早開始日　　53
作業の最遅開始日　　53
作業リスト　　46
サービス率　　80
サブセットサム問題　　210
サプライチェーンマネージメント　　43
暫定解　　178
3連結　　204

シ

歯科マッチング　　135
資材所要量計画　　43
施設配置問題　　186
実行可能解　　153

実行可能領域　　155
実行不能解　　153
品切れ率　　28
シミュレーション　　63, 67
ジャストインタイム　　25
シャープレイ　　120, 128
シャープレイ・シュービック指数
　　　　120
囚人のジレンマ　　105
シュービック　　120
重要度　　93
終了点　　50
女性最悪安定マッチング　　133
女性最適安定マッチング　　133

ス

数理計画　　137
数理モデル化　　2
スウィング　　120
スケジューリング　　46
スケジューリング問題　　147
スケジュール　　46

セ

正規分布　　29
正規分布表　　33
生産計画　　147
制約式　　153
制約条件　　153
線形　　152
線形計画　　144, 151
線形計画問題　　152
線形の式　　144
線形の不等式　　151
先行作業　　46
選好順序　　127

ソ

総経過時間　　47

タ

ダイクストラ法　195, 198
代替案　93
多数決　115
多スタート局所探索　180
ダミー作業　51
男性最悪安定マッチング　133
男性最適安定マッチング　133
単体法　145, 154

チ

頂点　195
調和平均　96

テ

定期発注法　22
点　50
点の最早開始日　54
点の最遅開始日　54

ト

到着率　80
動的計画　209
投票　115
投票力指数　116
投票力指数計算　215
凸2次計画　145
トポロジカル順　52

ナ

内点法　145, 154
ナッシュ均衡　106, 108
ナップサック問題　214, 216

ニ

2次式　146
2ビン法　23
2連結　204

ネ

ネットワークデザイン問題　147, 204
ネットワークの連結度　204

ハ

配送計画　189
パス（路）　195
バックトラック法　181
発注回数　10
発注残　24
発注点　20
発注点法　20
発注費　10
パレート図　41
パレート分析　41
パレート分析表　41
バンザフ　122
バンザフ指数　122

ヒ

ピヴォット　118
非協力ゲーム　103
非線形計画　145
評価基準　93
標準偏差　31
標本　38

フ

不安定マッチング　127
プレイヤー　103
プロジェクト　46
プロジェクト開始時刻　47
プロジェクト終了時刻　47
プロジェクトの最早完了日　53
フロー・ダイヤグラム　49
ブロッキングペア　127
分割法　181
分割問題　189

分枝限定法　　174, 175
分枝操作　　177

ヘ

ペア　　126
辺　　195
変数　　141

ホ

保管費　　10
母集団　　38
ポートフォリオ問題　　147

マ

待ち行列理論　　75
待ち行列系　　83
マックスミニ戦略　　111
マッチング　　126
窓口　　83

モ

目的関数　　141, 153
モデル化　　2

モンテカルロ法　　70

ユ

有向枝　　195
輸送問題　　163

ヨ

余裕日数　　57

ラ

乱数　　68

リ

利得行列　　105
リードタイム　　19

レ

列挙問題　　181
連結度増大問題　　204

ワ

割当て問題　　184

著者紹介（アルファベット順）

松井泰子（まつい　やすこ） 
- 1991 年　東京理科大学工学部経営工学科卒業
- 1994 年　東京理科大学大学院工学研究科修了
- 現　在　東海大学理学部情報数理学科教授，博士（工学）
- 著　書　『最適化ハンドブック』（共訳）朝倉書店，1995.
  『経営科学 OR 用語大辞典』（共訳）朝倉書店，1999.
  『応用数理計画ハンドブック』（共著）朝倉書店，2002.
  『離散数学』（共著）横浜図書，2004.
  『グレブナー基底の現在』（共著）数学書房，2006.
  『例題で学ぶグラフ理論』（共著）森北出版，2013.
  『ものづくりに役立つ経営工学の事典』（共著）朝倉出版，2014.

根本俊男（ねもと　としお） 
- 1990 年　筑波大学第三学群社会工学類卒業
- 1996 年　筑波大学大学院社会工学研究科修了
- 現　在　文教大学情報学部経営情報学科教授，博士（経営工学）
- 著　書　『応用数理計画ハンドブック』（共著）朝倉書店，2002.

宇野毅明（うの　たけあき） 
- 1993 年　東京工業大学理学部 I 類卒業
- 1998 年　東京工業大学大学院理工学研究科修了
- 現　在　国立情報学研究所情報学プリンシプル研究系教授，博士（理学）
- 著　書　『応用数理計画ハンドブック』（共著）朝倉書店，2002.
  『C で学ぶプログラミングの基礎』共立出版，2003.

イラスト協力

稲見高樹 　　前田　舞 　　山代勇人

カバーイラスト　稲見高樹
装丁　中野達彦

入門オペレーションズ・リサーチ

2008年3月20日　第1版第1刷発行
2025年2月20日　第1版第10刷発行

　　　　　　　　　著　者　松井泰子・根本俊男・宇野毅明
　　　　　　　　　発行者　村田信一
　　　　　　　　　発行所　東海大学出版部
　　　　　　　　　　　　　〒259-1292　神奈川県平塚市北金目4-1-1
　　　　　　　　　　　　　TEL：0463-58-7811　振替：00100-5-46614
　　　　　　　　　　　　　URL：https://www.u-tokai.ac.jp/network/
　　　　　　　　　　　　　　　　publishing-department/
　　　　　　　　　印刷所　港北メディアサービス株式会社
　　　　　　　　　製本所　誠製本株式会社

Ⓒ Y. Matsui, T. Nemoto and T. Uno, 2008.　　ISBN978-4-486-01744-8

・JCOPY＜出版者著作権管理機構　委託出版物＞
本書（誌）の無断複製は著作権法上での例外を除き禁じられています．複製される場合は，そのつど事前に，出版者著作権管理機構（電話 03-5244-5088，FAX 03-5244-5089，e-mail: info@jcopy.or.jp）の許諾を得てください．